城市道路绿地
地域性
景观规划设计

REGIONAL LANDSCAPE PLANNING AND DESIGN OF URBAN ROAD GREEN SPACE

谷康　徐英　潘翔　朱春艳　石磊　等◎著

东南大学出版社・南京

内 容 提 要

本书通过文献、案例对城市道路景观设计理论以及地域文化特色理念进行研究，梳理相关知识及理论，综述国内外地域性道路景观设计研究状况；从城市地域文化、道路景观序列、道路景观生态学等方面，探讨通过地域文化的传承与提炼，进而生成道路景观特色的方法；对基于地域特色的黄山市迎宾路景观提升、S316 巢湖段沿线景观规划设计、江苏临海地区高等级公路景观规划设计三个典型案例作了深度分析与解读，总结出道路景观设计中营造地域文化的要点和方法，梳理城市道路绿地地域性景观规划设计的理论体系，为相关研究、实践提供理论基础和思路参考。

本书适合风景园林及相关专业的高校师生和从事风景园林规划设计工作的人员阅读参考。

图书在版编目(CIP)数据

城市道路绿地地域性景观规划设计 / 谷康等著. —南京：东南大学出版社，2018.12

ISBN 978-7-5641-8175-8

Ⅰ.①城… Ⅱ.①谷… Ⅲ.①城市绿地-绿化规划-研究-中国 ②城市绿地-景观设计-研究-中国 Ⅳ.①TU985.2

中国版本图书馆 CIP 数据核字(2018)第 282375 号

城市道路绿地地域性景观规划设计

CHENGSHI DAOLU LVDI DIYUXING JINGGUAN GUIHUA SHEJI

著　　者：谷康　徐英　潘翔　朱春艳　石磊 等
出版发行：东南大学出版社
社　　址：南京市四牌楼 2 号　　邮编：210096
出 版 人：江建中
责任编辑：姜　来
网　　址：http://www.seupress.com
电子邮箱：press@seupress.com
经　　销：全国各地新华书店
印　　刷：南京玉河印刷厂
开　　本：787 mm×1 092 mm　1/16
印　　张：11.5
字　　数：259 千字
版　　次：2018 年 12 月第 1 版
印　　次：2018 年 12 月第 1 次印刷
书　　号：ISBN 978-7-5641-8175-8
定　　价：108.00 元

前　言

国内外对于道路景观的建设，从古至今都在不断探索和创新。我国从秦朝时便有了行道树和林荫道的概念，古代欧洲的一些国家，更是将道路绿化和景观的设计归成法律进行统一要求。现如今，随着城市道路的不断发展和人们审美意识的不断提高，道路景观设计也更加全面和丰富，道路不再仅仅是交通运输和公共基础设施，同时还是城市风貌的延伸和人类与自然衔接的绿道。因此，道路景观不仅具有功能性，同时还具有景观性和生态性。

地域性也叫区域性，是地理学的根本属性之一。《不列颠百科全书》(*Encyclopedia Britannica*)中它是指地理环境和社会经济现象在运动中表现出来的地域分异与组合特征的总和，表现为该地域所具有的综合特征。地域性虽然是自然环境所具有的内在特性，但它也映射到社会环境中，使得人类生活的社会环境带有与之对应的相关特性。因此，地域性具有自然和人文双重属性，地域性景观设计是对地域自然和文化的诠释和表现。

城市道路景观是城市风貌的延伸和城市景观的重要载体。由于道路交通的复杂性，道路绿地景观的范围较为广泛，包括各类分车带绿地、停车场绿地、导向岛和交通岛绿地以及道路红线范围之内的附属绿地。因此，道路景观能直接反映一个城市的风貌特色和绿化程度。此外，道路景观还包括外围自然空间的生态性与人文空间的景观性，几乎涵盖了一个地区的各种特征。因此，道路景观可以作为地域性设计的研究载体。

国内外许多学者对城市道路景观建设进行了理论与实践研究，尤其是具有城市特色的道路景观设计的研究，是近些年来道路绿地景观建设研究的重点之一。在前人研究的基础上，笔者多年来致力于道路景观设计实践，将城市的地域性研究以及城市道路景观设计二者有机融合。具体过程是，在对实际案例进行梳理整合之后，从中提取道路景观设计的地域性研究特色，形成理论体系，再从两个方面应用到道路景观设计中：一是地域性在道路景观设计层面的体现，即从微观方面入手，让道路景观具体包含的分车带植物、功能设施和公共基础设施融入城市地方特色；二是道路景观规划层面的体现，即从宏观方面入手，选择城市道路适生树种和对城市整体风貌的衔接以及延伸。

从实际项目的总结到撰写书稿，是一个从实践提升到理论的过程。

由理论指导实践容易，但从实践中分析总结出理论，需要长时间的归纳和整理。本人结合实际项目案例以及多年风景园林研究工作，将理论与实践紧密结合，经过较长时间的努力，终于从黄山市迎宾路景观提升、S316巢湖段沿线景观规划设计和江苏临海高等级公路景观规划设计等项目实践中提炼出地域性道路景观设计的方法和理论，形成了《城市道路绿地地域性景观规划设计》一书。

在本书出版之际，在此衷心感谢江苏大学的徐英老师，四川农业大学潘翔老师、朱春艳老师的辛勤付出；感谢南京林业大学风景园林学院城市规划与设计硕士研究生张欣、风景园林专业学位硕士研究生高思媛、徐宜非，本书的一部分材料源自他们撰写的硕士学位论文。成书过程中，南京林业大学风景园林学院风景园林专业学位硕士研究生赵凌霄、梁冰、彭钰、邹宇扬等同学不辞劳苦，收集、整理相关资料，在此表示深深的谢意，感谢他们对于本书付出的辛勤工作。另外，我要感谢课题合作伙伴们以及学生们，感谢他们对我的支持和帮助。

此外还要衷心感谢东南大学出版社的编辑及相关工作人员为本书顺利出版所付出的努力。

本书中所引用的相关研究成果和资料，如涉及版权问题，请与著者联系。

望读者批评指正，以便今后进一步修改补充！

著者

2018年10月

目 录

图片目录

目录中未注来源的图表为作者自制。

表格目录

1　绪论

1.1　研究背景

在城市高速发展的今天，人们的物质生活水平在不断提高，人们对生存和居住环境质量的要求也逐步提高。由于生活节奏的不断加快，人们每天都处于忙碌、疲惫的状态，在建筑物内停留的时间也越来越长，人们已经将自己与城市的硬质环境联系在了一起而产生了脱离自然环境的倾向，尤其是城市道路交通与人们生活的紧密联系，更让人们产生了对城市硬质空间的依赖性，因此，对道路景观的设计与提升刻不容缓。城市道路是构成居住环境和城市功能的基础，是城市社会活动与经济活动的纽带与脉搏，是人们了解一个城市、感受城市景观特色与城市风情的重要窗口。当滚滚的时代车轮将人类带入一个汽车时代、一个崇尚速度与效率的信息社会时，城市道路在城市中开始发挥举足轻重的作用，其环境景观已成为强有力的标志并改变着这一地域原有的景观特征。因此，调和人与城市发展之间的矛盾，重要的是在于如何把握日益增加的道路与城市景观的关系，并使之更趋于合理化、人性化。特别是近几十年来由于工业的高速发展，引起城市环境的日益恶化，国内外城市规划普遍要求增加绿地，以改善和保护环境。

道路作为城市的骨架，连接的纽带，是人们生活当中最为熟悉的城市空间之一[1]。道路也是城市构成中最主要的外部公共空间，是人们公共生活的舞台，观光客往往沿着城市道路来观察城市、认识城市，而当地的居民习惯性地在道路上活动并感受着道路及其周围的环境。由于人们闲暇时间的增多，对城市开放性的休闲游憩空间的需求也在不断增加。人们在呼唤和寻找着一种更为普及和日常化的自然休憩空间，使之与日常生活相融合，从而满足人们回归大自然和平衡内心世界的需求。在我们的城市中一些大型的公园和广场已经受到了足够的重视，然而这远远不能够满足人们日常生活的需要。

由于工作和生活方面的各种原因，人们不能够经常光顾这类大型城市公共场所，而城市中一些见缝插针的道路景观，受到人们的普遍欢迎。道路景观作为一种量大面广的公园形式存在，在美化城市和保持生态环境等方面发挥着重要作用。如今的城市道路不仅仅注重使用功能,也担当着作为城市历史文化风貌集中载体的职能,城市道路景观不再是简单的种植绿化而是一种公共艺术形态,当地人可以从中找到文化认同感和亲切感,外来人可以从中直观感受一座城市的历史底蕴,可以说是一张城市形象的名片,也是城市软实力发展的标志之一。

城市道路景观作为城市景观空间的构成要素之一,除了本身的使用功能以外,还能够很直接地展现一个城市的地域文化。除此之外,它衔接着城市的各个文化点,将它们串联成为一条有序的脉络,形成展示城市形象的标志性景观。而地域特色是自然特征与人文特征共同作用的结果,是一个城市与其他城市最本质的区别。因此,在道路景观中营造地域特色,是展示城市个性风貌的重要手段。

各个城市都在努力建设城市道路景观,这促使其全面快速的发展,也带来了一些问题。为了跟上发展建设节奏,道路景观设计上出现了盲目跟风模仿、生搬硬套的现象,优秀的设计案例没有被借鉴消化,而是被囫囵吞下,城市建设一味追求形式新颖和短期效果,忽略了自己的城市特色与城市记忆,缺乏对自身历史文化的深度思考,景观逐渐趋同,人文层面与精神层面的追求得不到满足[2],使得城市的个性逐渐淡化,这等同于隔断了一座城市历史文脉的延续与发展。要想避免道路景观设计的千篇一律,需要在汲取先进设计理念的同时,努力深层次挖掘城市地域文化内涵,打破狭隘的地域视野,摒弃以往封闭保守的文化观念,努力发掘地域的自然与文化特征,根据当地生活方式和现有条件,创造最为适合这一地区道路交通的景观。

1.2 相关概念

1.2.1 地域

“地域”有广义和狭义两种定义。对“地域”广义的理解,可以是以季候特征变化而划分的地域空间,也可以是自然要素和人文要素共同作用形成的地域空间,通常情况下我们可以称之为“区域”,它具有一定的界限,同时又能够充分展现出空间之间的相似性和连续性,具有其特定的优势;地域之间相互联系又互有区别,如果一个区域发生了变化,那必然会影响到其他的地方。这种广义的地域一般有 3 个特征:区域性、系统性和人文性。

(1) 区域性

这是人们区分出各个地方最主要的方式,例如每个事件的发生都在具体的时间和具体的空间范畴内，具体的人群之中，带有明显的地方性特征，而且这是一个极其具有标志性的特点。例如土家族的摆手舞、篝火晚会等民俗风情的传播就具有明显的区域性特点。

（2）系统性

地域性所反映出来的东西往往不是指单一的某个方面，而是各个事物组合在一起的一个错综复杂的综合体。一个单一的事物无法形成所谓的地域性景观，例如当人们一提起古代江南，不仅仅说的是它的地理位置、自然资源，同时也包括了它的发展历程以及对区域文明所作出的贡献，会通过不同的方面，从不同的视角去对一个地域空间进行系统的评价，充分把握各个地域要素。

（3）人文性

城市发展过程中，人与文化之间似乎逐渐成为城市景观设计中极具吸引力的一个话题，可以简单地解释为只要是人的意识存在的地方并且与现实物质存在发生关联，在某种程度上都与人文景观产生一定的联系。人类通过不断地对环境进行改造和完善，使之呈现出不同的人文景观，所谓景观环境是文化的外在表现，文化是景观环境的内在体现。例如，一望无际的大草原给人以旷阔辽远、无边无际的感觉，长期在此处生活的人会是一种粗犷、豪放的性格，而此处的景观设计也要给人一种简洁、鲜明的感觉，这就是所谓的人文景观。而从狭义的角度来解释，“地域”可以是一个小面积的、具有一定空间的场所。在此定义下场所的特征可以表现为具备地域特征的植物和景观设施共同存在的空间。

1.2.2 地域文化

地域文化是指在一定地域内，以地理环境为基础，形成的所有物质财富和精神文化的总称。地理环境不仅仅是行政区域的边界，还包括自然的地理空间。其形成是自然因素和人为因素的综合作用，这个过程是长期的，不是朝夕之间可以达到的，在当地或许已经成为一种传统，沿袭性地影响该区域人民，深刻在意识形态当中，可以反映出当地的自然环境以及经济、科技、信仰和生活方式等。地区性是地域文化最鲜明的特征。

地域文化本身具有融合性，不是亘古不变的。随着时代的发展，地域文化也在不断地更新并向前发展，拥有着“杂合”的性质。但是原有文化的积淀对新的文化形式构建或许会产生消极的影响，文化融合的速度跟不上文化汲取的速度，就会产生矛盾。再者，一些弱势的地域文化在文化冲击交流中也有着被同化消融的危险。地域文化在融合过程中具有选择性，在历史进程中，地域文化与外来文化在相互交流时，往往会吸收有益成分以保证自身的丰富性。目前，地域文化的研究已经向纵深发展，人们的关注视角已经逐步由物质形态文化转向非物质形态的精神文化层面[3]。

1.2.3 景观

在欧洲,“景观”一词最早出现在希伯来文的《圣经》旧约全书中,景观的含义同汉语的“风景”“景致”“景色”相一致,等同于英语的“scenery”,都是视觉美学意义上的概念。

景观是一个具有时间属性的动态整体系统,它是由地理圈、生物圈和人类文化圈共同作用形成的。当今的景观概念已经涉及地理、生态、园林、建筑、文化、艺术、哲学、美学等多个方面。由于景观研究是一门具有前瞻性,指导人们行为的学科,它要求人们跨越所属领域的界限,跨越人们熟悉的思维模式,建立与其他领域融合的共同基础。

景观,无论在西方还是在中国都是一个美丽而难以说清的概念。地理学家把景观作为一个科学名词,定义为一种地表景象,或综合自然地理区,或是一种类型单位的通称,如城市景观、森林景观等;艺术家把景观作为表现与再现的对象,等同于风景;建筑师通常把景观作为建筑的配景或者背景;生态学家把景观定义为生态系统或生态系统的系统;旅游学家把景观当作资源;而更常见的是景观被城市美化运动者和开发商等同于城市的街景立面、霓虹灯、园林绿化和小品。而一个更文学和宽泛的定义则是“能用一个画面来展示,能在某一视点上可以全览的景象”,尤其是自然景象。但哪怕是对同一景象,不同的人也会有很不同的理解,正如唐纳德·迈尼希(Donald Meinig)所说“同一景象的十个版本”。

1.2.4 道路景观

道路景观是道路本身与周围环境协调反映的一个具有整体性的景观综合体[4]。从狭义上来说,道路景观是主要由道路、植物、小品、公共设施、地形、建筑物等构成的一种物质形态;而从广义上来说,城市道路景观不仅仅是客观上的景观,还包括主观的社会生活,是道路空间及空间中的人相互联系的复杂综合体。道路景观展现的是道路上看到的一切自然物与人工物,人在城市道路中的所见、所感等意识感受以及对此做出的行为举动也是城市道路景观的重要形态。总的来说,城市道路景观可以说是认知主观与客观,人与物质的统一。由于道路景观构成十分丰富,根据对道路景观的不同观察角度、研究角度与研究方法,可以将道路景观的构成分为以下几种:

(1) 按照道路景观客观构成要素分类,道路景观包括了道路自身及沿线区域内全部视觉信息,包括了自然景观与人文景观两大类。

图 1-1 广州增城绿道

(2) 按照道路景观主体的活动分类，可以分为动态景观与静态景观两大类。当观看道路景观的人在高速的车行状态下，道路景观被视为动态景观；当观看道路景观的人处于静止状态下，道路景观可以视为静态景观。

(3) 按照道路景观的规划建设方式分类，也可以分为两类，即保护与利用景观和设计、创造景观。处于规划建设红线内的道路景观是道路的实体景观；处于规划红线之外需要保护利用的景观，是道路的附属景观，在景观学中被称为“借景”[5]。

道路景观是由道路空间、构成空间的物质实体以及道路空间中人的活动共同形成的复杂的综合体，它是城市环境的重要组成部分，在具备效率、生态、安全等内涵的同时，应能使人产生视觉美感，并具有创造宜人氛围的功能(图 1-1)。

道路景观是包括道路自身及其沿线地域内的自然景观(气候、水文、土壤、地质、地貌、生物等)与人文景观(各种建筑、农田、人工植被、人工构造物等)的综合景观体系。对其可定义为：由地貌过程和各种干扰作用(特别是人为作用)而形成的具有特定生态结构功能和动态特征的宏观系统，体现了人对环境的影响及环境对人的约束，是一种文化与自然的交流。

道路景观设计是指从美学观点出发，在满足交通功能的同时，充分考虑道路空间的美观，道路使用者的舒适性，及与周围景观的协调性，让使用者感觉安全、舒适、和谐所进行的设计。它包含了道路自身景观设计和路域景观设计，还涉及城市规划、景观设计学中的美学、地理学、风俗学等知识，是一门综合性学科。

不同于城市、乡村景观，也有别于风景园林、高楼低舍，道路景观有其自身的性质与特点，可归纳为如下几个方面：

(1) 构成要素多元性

道路景观由自然的与人文的，有形的与无形的多种元素构成。在诸多元素中，道路景观可削弱或加强景观环境的氛围，影响环境的质量。道路景观是自然景观和人文景观的综合体，这就决定了道路景观必须对自然景观进行巧妙利用，也要求将人文景观尽量融入自然景观中，使之形成和谐的整体。

(2) 时空存在多维性

从空间上来说，道路景观是延绵、起伏、转折的连贯性带形空间。从时间上来说，道路景观一方面有前后连贯的空间序列变化，另一方面又有季相、时相和人的心理时空运动所形成的时间轴。

(3) 景观评价多主体性

道路景观拥有景观的一项共同属性，即无法获得绝对精确的评价。评价的主体不同，主体所处位置不同、活动方式不同，评价的原则和出发点必有显著的差别。

(4) 景观环境的多重性

道路景观拥有双重属性，即自然属性和社会属性，在满足功能要求和实用要求的同时又具有一定的观赏价值和艺术价值，这一点有别于单纯的观赏景观和艺术造型。

1.3 国外道路绿地景观规划综述

城市道路景观的概念产生于19世纪后半期。19世纪末期，西蒙兹(John Ormsbee Simonds)等代表人物提出，景观设计要符合当地的气候、土壤、地形地貌等一系列的条件，运用乡土景观来塑造具地方特色的城市景观风貌，既符合经济发展的需求，又有利于生态的稳定。[6]

20世纪30年代，美国在公路与环保的协调问题上，已经将减少对原有地形地貌破坏的生态设计理念融入公路的设计[7]。同时关于道路美学的理论也在美国产生了，西蒙兹认为“在城市规划设计中最重要的一项职能就是交通格局，它决定了感知或视觉展现的速率、序列与特性”[8]。

20世纪50年代，美国公路高速发展，道路周边的环境、景观与视觉的质量逐渐受到重视，人们开始意识到，简单的大量乔灌木的种植并不能缓解公路带给环境的压力，也不能提高公路的景观质量，从而开始了公路景观环境建设的理论与方法研究。[9]特别是对自然风景区和具有较强人文特色的道路,在景观规划方面提出了一系列严格的设计评估要求。美国"国家风景公路规划"要求道路在规划设计过程中要利用可记忆性、独特性、原始性和完整性 4 个要素综合评估道路沿线风景、自然、历史、文化、考古以及娱乐休闲等资源的综合利用情况。[10]土地管理局也对道路景观从建成前后的地形、植被、水体、色彩、临近风景、稀有性和文化特征 7 个方面的变化性和协调性来对道路景观设计效果进行美学价值评估。[11]美国游步道协会主席罗伯特・沙恩(Robert Sian)认为在面临快速城市化的状况下,线性景观是一种保护自然、改善环境和加强联系的机会。[12]线性景观可以承担多种功能,如以提供游憩为主的功能,以保护历史文化遗产为主的功能,为野生生物提供迁移路径和生境为主的功能等。[13]

1960 年美国著名城市设计学者凯文・林奇(Kevin Lynch)在其所著的《城市意象》(*The Image of The City*)一书中,通过对波士顿、新泽西以及洛杉矶 3 个城市的实地调查研究,总结出了城市意象的 5 个构成要素:道路、边界、区域、节点和标志物。[14]其中,道路在所有要素中占主导地位,也是组织大都市空间的主要手段。林奇指出,道路设计应当凸显道路的特色,保证道路景观的节奏感与连续性,明确道路运动路线方向,加强道路边沿的视觉动态感,完善道路节点的设计。

1967 年以后,美国景观设计大师西蒙兹在其先后出版的一系列著作中所阐述的观点也对道路景观设计有着重要的启示。在《景观设计学——场地规划与设计手册》(*Landscape Architecture:A Manual of Site Planning and Design*)一书中,西蒙兹强调道路是人们体验以及感知城市环境的重要途径。这种体验难得是静止的,大多数情况下是动态的。在进行道路景观设计时,要充分考虑道路景观的相对运动视觉特性,保证交通格局的流畅性,提供足够的视觉点,丰富视觉体验与享受。他还总结了规划设计道路时应遵循的基本原则:遵从合理的布局,容纳交通,保护自然系统及美好景观,提供最佳横断面,提供适宜驾驶的路面,提供安全保障,建立信息系统,利用当地植被,充分发挥景观价值。在他的另一本著作《21 世纪花园城市:创造宜居的城市环境》(*Garden Cities 21:Creating A Livable Urban Environment*)中,西蒙兹进一步指出道路作为邻里间非常重要的运输和连接的空间,应该简洁而直接地引导人们到达目的地。同一等级的道路应当提供明显的点对点的连接,避免障碍,具备带动区域提升的功能。同时道路也应当带给行人安全、舒适、愉悦的感受。1972 年美国后现代主义建筑师 R. 文丘里(Robert Venturi)在《向拉斯维加斯学习》(*Study From Las Vegas*)一书中,描绘了一个空间象征先于空间形式作为一种系统存在的拉斯维加斯。这种道路景观极大地冲击着人们的视觉感受,信息的交流与传达在建筑与景观中是一种压倒空间的决定性因素。书中指出:首先,道路景观设计要满足汽车与人在视觉与心理上的平衡的需求,符合人们对视觉质量的要求。其次,城市与道路的活力可以通过具有包容性的景观与建筑来实现。

20世纪80年代中后期,随着人本主义思潮日益高涨,文化生态学、环境心理学、景观哲学等思想被引入城市景观规划与空间设计中,开始了景观感知心理与景观客体之间的相互反馈系统的研究,因而出现了景观的哲学、社会学与景观文化的美学概念,形成了一套体系。[15]

1979年日本当代著名建筑师芦原义信在《街道的美学》中运用格式塔心理学的原理,以及一些当代建筑设计理论,对日本和意大利等西欧国家的街道、广场等外部空间进行了深入细致的比较、分析和研究。他结合人的活动和心理、生理需求,阐述了道路构成、建筑高度与路面宽度比等美学原则,强调了街道的美学价值和社会生活价值。

1985年日本土木学会、土木规划学研究委员会提出如今的城市道路失去了其自然的景色与快乐,往日令人倍感亲切的城市道路变得生硬、无亲和力。围绕这个问题,他们展开调研,发现古老道路所具有的传统美和文化魅力是不可多得的,其有吸引人的魅力。[16]日本土木学会编著的《道路景观设计》一书中较全面和系统地论述了城市道路景观的设计方法。书中结合大量的实例,详尽地论述了城市道路景观的构成要素,并更进一步指出了各构成要素的基本设计方法、调研方法和设计程序。

1990年美国景观设计教育家查尔斯·瓦尔德海姆(Charles Waldheim)在其所著的《景观都市主义》(*The Landscape Urbanism Reader*)一书中,剖析了景观设计被边缘化的现象。作者认为景观设计不仅仅是修饰活动,不应被剥夺空间设计的权利。在此基础上作者提出了"景观都市主义",其目标是模糊学科的界限,整合景观设计、市政工程和建筑学等学科的知识来设计城市的公共空间。

1995年美国建筑教育家艾伦·B. 雅各布斯(Allan B. Jacobs)在其著作《伟大的街道》(*Great Street*)一书中,通过对世界上若干著名景观道路的深入分析,提出了伟大的街道所必须具备的要素:为行人提供物质环境的舒适性,清晰的边界,悦目的景观,协调性和舒适性。

此外,国外一些相关期刊论文也对道路景观的研究作出了不少总结。如比利时学者萨拉·加雷(Sarah Garré)在2009年发表的《道路对景观视觉的双重角色——以梅赫伦(比利时)地区为例》[*The dual role of roads in the visual landscape*: *A case-study in the area around Mechelen* (*Belgium*)]一文中,以地形、现状照片与数学建模的方式对梅赫伦地区的道路进行研究,提出道路不仅是观赏景观的媒介,同时作为一种特殊的开放空间,其本身也影响并且组成城市景观。

近几年,发达国家将道路景观设计的重心转到了对生态环境问题、生活品质问题、城市个性体现的问题、历史文化传承的问题的研究上。在设计中欧美国家更注重从人的行为活动与环境所产生的心理出发,创造一个舒适宜人活动的城市道路景观环境。[17]在绿化方面,国外的道路绿化以保护和修复自然植被为主,综合考虑环境、生物、人三方面的关系,运用自然、无强烈人工痕迹的绿化来缓解道路与环境的破坏。[18]

另外在植物的选择方面,西方国家秉承着适树适地的原则,他们首先考虑的是植物的生态性以及生物多样性,其次才是考虑的植物的美学和文学价值,并且还为此对相应的乡土树种分别进行了具体的研究。

“色彩设计”也是近年来比较流行的设计术语。在道路景观研究中,“形”与“色”非常重要。“形”指道路景观的整体形式,它包括道路的组成要素、空间形态组成形式等;而“色”则分为植物的颜色和道路景观建筑的色彩[1]。国外在城市道路景观与活动行为方面,有越来越多的专家在尝试、探讨。参考在建筑色彩视觉研究中被广泛应用的色彩体系(如 NCS,Munsell 等),根据统计结果制作街道色彩定位方案,力求街道视觉系统醒目且与环境能够很好地协调,有效促进城市意象的塑造。[19]

通过对相关文献的查阅,可以发现由于生态环境的恶化以及生态学的开展,起初道路景观的设计更加偏重于生态,但因为没有完善的设计思想和理念,道路景观设计简单,设计开发力度小,道路景观主要功能是缓解环境压力。随着重视程度的提升,道路自身的价值得以发掘,道路景观被赋予了休憩、历史保护等新的功能。因此,在基于文化背景下的道路景观设计要考虑全面,顾及道路的其他功能。

1.4 国内道路绿地景观规划综述

国内对于道路景观的研究相对于国外较为滞后,但随着道路环境问题日渐受到关注,越来越多的学者开始着手于道路景观的研究。关于道路景观的设计思想,刘滨谊提出了道路景观“三元论”,即视觉景观形象,环境生态绿化和大众行为心理。他认为道路景观的设计与评价应该从环境、功能、美学这三个角度出发,道路景观要与其周边的建筑景观、道路铺装、景观小品、公共设施和整个环境的色调相结合。[20]聂小沅、刘朝晖提出了城市道路景观设计应当明确城市道路景观环境的定位,体现城市道路景观的变化性与统一性,考虑道路与空间景观结合,注重城市道路的整体功能效应。[11]

2004年，我国城市设计学者王建国教授在《城市设计》一书中，指出道路交通的发展在宏观方面对城市的结构、城市的规模以及城市的发展产生重要的影响。他还指出城市道路景观除了比例与尺度、韵律与变化、对比与协调等视觉美学上的要求之外，还应具有以下空间属性：空间领域性、空间渗透性和空间连续性。城市道路景观的功能属性应当包括景观功能、认识功能以及社会生活功能。通过以上分析，最后提出了道路景观在城市设计层面上的组织对策。2004年，王浩和谷康在《城市道路绿地景观规划设计》一书中，针对目前城市道路绿地建设快速发展的需求，在工程实践的基础上，从道路绿地景观的系统性、序列性、综合性等方面对道路绿地景观设计进行论述，提出道路景观建设应满足的五大原则：功能原则，生态原则，科学性与艺术性原则，因地制宜原则以及其他原则。

2009年，华晓宁在其所著的《整合于景观的建筑设计》一书中指出，城市景观空间的特殊性在于它是人们极为复杂而丰富的城市生活的载体，是物质空间、心理空间和社会空间的复合体。同时，作者还指出，作为城市线性空间的道路空间形成的3种方式，即：一是建筑物与建筑物之间形成的道路空间，多见于传统古城；二是先建立路网，然后沿着道路两边配置建筑物形成的道路空间，普遍流行于现代城市；三是在一些自然地形地貌环境下形成的道路空间，有着较为明显的自然特征。

2010年，汤铭潭在其著作《小城镇与住区道路交通景观规划》中，从小城镇道路交通规划的角度，研究道路景观设计，包括路网布局和道路线形设计，道路横断面和沿线建筑规划设计，道路栽植的设计，交通岛、广场和停车绿地设计；并提出了小城镇与住区道路景观设计"交通、景观、人文——住区道路功能"的复合化理念。书中通过具体项目实例分析对旅游城市道路景观，组团式片区道路景观，城市密集区道路景观，沿河沿江道路等不同类型的道路景观给出了具体的设计方法。

2012年，胡长龙在《道路景观规划与设计》一书中重点对道路红线内的景观进行了分析与研究，指出城市道路景观规划设计应遵循的生态学原理、艺术构图原理与原则。在此基础上分别介绍了城市道路景观规划设计前的调查与分析，规划的原则及设计的手法，城市道路铺装设计，城市道路绿化景观设计，城市道路亮化景观设计，城市道路桥梁景观设计，城市轨道交通景观设计，城市广场、步行街景观设计等。

此外，近年来国内一些相关的论文也不乏对景观理论和道路景观的关注和研究。2001年，刘滨谊教授在其发表的《景观规划设计三元论——寻求中国景观规划设计发展创新的基点》一文中，提出景观的"三元论"：景观感受层面，基于视觉的所有自然与人工形态及其感受的设计，即狭义景观设计；环境、生态、资源层面，即大地景观规划；人类行为以及与之相关的文化历史与艺术层面，即行为精神景观规划设计。2005年，华南理工大学李昆仑在《层次分析法在城市道路景观评价中的运用》一文中指出，城市道路景观现状评价与设计需求的难点是不可量度指标，由于其不确定性而且受到主观因素的影响很大，将其尽量量化是较好的办法。作者结合城市道路的景观特点构建了评价指标体系，并通过AHP层次分析法对各指标的评分进行矩阵运算处理，最终得到各景观构成要素在评价体系中所占的权重，并进行了具体分析。2011年，殷利华等在《道路生态学研究及其对我国道路生态景观建设的思考》一文中，首先梳理了国外道路生态学的研究进程，将其发展分为萌芽期、生长期、成熟期，并对3个阶段的研究内容、原理、方法进行了文献综述；其次分析了我国道路生态学的发展状况，结合案例研究，总结了道路生态学对我国道路生态景观建设理论和实践的积极指导作用，并尝试提出我国道路生态景观建设的措施和建议。

关于道路景观的个性特质，在道路空间方面，刘景星、邢军根据道路使用者在不同道路空间行为模式、活动方式的不同，从而产生的不同行进速度和对道路景观的不同感受这一现象，将道路分为高速浏览型、低速观赏型和城市广场3类，得出了在城市道路景观设计的过程中，要把握人在不同道路上的不同活动，选择不同景观设计方案的结论。[21]在道路视觉景观方面，蒋旸、章立峰等人将景观分为动态景观、静态景观两种，得出了车速越快，则景观尺度应该越大，表现为大体量景观和概括性的造型语言；车速越慢，则景观尺度应该适当减小，表现为体量适宜、细节丰富的景观形态的结论。[22]另外，梁凯、刘晓惠认为人在道路中，绝大多数情况下是动态景观，道路景观总是以一系列突现或隐现的连续片段的方式出现，从视觉角度出发，道路景观可分为已经呈现的、正在浮现的和将要出现的景观，这是一连串景观构成元素的随机组合，设计需要把道路作为一个连续的系统整体考虑，加强各个景观视觉片段之间的联系。[23]在道路景观文化方面，刘丽觉得想要挖掘道路景观的个性，首先需要从整体的观点来解读道路所在城市的文脉，可以从所在区域的环境来寻找个性，也可以从设计的基调和主题上创造个性。[24]

关于如何体现城市道路景观的文化，谢怀建认为文化视域下的道路景观是具有美学意义、艺术意义和文化意义的，想要提升城市道路景观品质必须考虑道路景观的动视特征、城市文化的特点和民族审美心理特征。[25]赵岩、谷康认为道路绿地的文化底蕴可以通过植物造景、环境小品、街头绿地等多种形式和手段体现出来，且应该做到因地制宜，灵活变通。[26]陶琳、杨明菁指出可以对自然地形、气候条件等自然地理环境，经济、政治、风俗习惯等人文要素进行分析提炼，归纳出能体现城市特色的设计符号，其可以转化成各种不同的设计要素，运用到道路景观设计中去。[2]

通过对相关文献的查阅，可以发现国内在道路景观的设计上，注重道路本身，道路周边环境与道路参与者的关系，强调三者协调统一。道路景观的文化多体现在设计理念、设计思想与景观细节上。总的而言，道路景观的地域特色取决于文化。

2　基于文化的道路景观设计

2.1　道路景观设计概述

2.1.1　道路景观序列理论

景观序列是指连续空间景物的组织系列[27]，是自然或者人文景观在时间、空间以及景观意趣上按照一定的次序排列，使得景观空间能够层层深入地展开。道路景观作为一种线性三维景观空间，能够将不同的景观相连接，从而形成道路景观的总体印象，成为连续的道路景观序列。道路景观序列可以使人产生一种累积的强化效果，同时也是景观的视线走廊。

道路景观序列的组成形式可以参考一般园林景观序列，但是考虑到道路景观空间线性的特点，通常情况下，道路景观序列可以视其长短，将道路景观分为2段、3段或者多段。如果道路景观空间过长，可以在确定全段景观序列的前提下，在每一段景观中针对该段进行进一步的景观序列处理，也可以称为子序列，这是一种嵌套式的景观序列模式[28]。

道路景观序列犹如一首悠扬的乐曲，有起有落，富有变化的韵律美，其主要由前导、高潮以及结尾组成，一些复杂的景观序列会多一些序景、发展、转折等部分。前导的主要功能是将观赏者带入景观环境空间当中，摆脱外部环境的干扰，把注意力集中到特定的景观氛围，带动人们的观赏欲望。高潮部分往往规划设计的是最重要和最具有主题特色的景观，也是道路景观序列中最为突出的部分。结尾部分的主要功能是使观赏者在体会到前期的高潮之后，留有一定想象、思考和回味的空间，逐步调整观赏者先前激动热烈的心态，不至于戛然而止。

2.1.2　道路景观色彩效应

色彩具有情绪效应。色彩可以代表或者反映出一定的情调，即给人带来冷暖感、轻重感、兴奋感和沉静感等。作为一种沟通形式，它通过视觉神经传入大脑形成一系列的心理反应，冷色有一种收紧的、冷静的感觉；暖色有一种热烈的、奔放的感觉；古典建筑常用颜色有一种典雅的感觉；现代色彩有一种朝气的、活泼的感觉。这些反应会直接或间接地影响着人的行为活动[29]。不同的景观色调不仅能够带来不同的感知，还能够区分出不同路段的景观印象[30]。在道路景观设计上利用这种心理反应能够丰富人们在景观中的感受，并且起到充当安全标识的作用，用来警示人们。

色彩具有空间感。有时色彩会给人带来视觉错觉，会比实际情况前进或后退，膨胀或收缩，这就是色彩的空间感。暖色、纯色、强对比色、大面积色等会产生前进、膨胀的错觉，相对的，其他色彩带来的错觉则相反。在城市道路景观设计中，色彩空间感主要运用在植物种植配置当中，以求增加景观层次感。冷色调的树种是良好的背景树的选择，而暖色、色彩鲜艳的树种作为前景树能够得以突出，与背景树形成鲜明的对比从而拉开景观层次。

色彩具有动态感。暖色调热烈，动态感较强；冷色调宁静，动态感较弱。在城市道路景观设计中，动态感强的暖色系植物适合配置在重要节点位置，而在平缓的路段则适合配置动态感弱的冷色系植物，以求主次分明，突出景观重点。

色彩自身也具有一定的内涵，有着地域性的特点。每个城市都有着独特的色彩体系来体现自己的文化气质，例如盛唐时期的长安，追求华贵，崇尚佛教，热衷于艳丽的大红和亮绿；古希腊人喜欢在建筑和雕塑上用明亮的色彩绘制图案，岁月更迭，我们现在看到的古希腊建筑往往呈柔和的白色，构成城市的主色调。城市在不同的文化习俗的背景下会产生喜好的色彩，形成城市特有色彩。城市道路景观的色彩与城市色彩是紧密结合的，会涉及气候、植物、建筑、人文习俗等。具体的体现有道路节点广场、城市道路标志的固定色彩与道路标识、道路城市家具、雕塑小品的多样色彩，这两类色彩构成了道路景观的色彩体系。

2.1.3 道路景观生态学

道路景观生态学是指运用生态学和景观生态学的原则来研究和处理道路、车辆与周围环境之间互相作用的一门科学，探讨的对象涉及由道路建设而引起的植被、野生动物、水生生态系统、风以及大气效应、水流、沉积物、化学物质等问题，整合了交通工程学、水文学、野生生物学、植被等知识，目的是实现道路、车辆与生态环境的可持续发展。

1987 年发布的《交通建设项目环境管理办法(试行)》，促进了道路交通建设中气、水、声污染的治理以及防治；1996 年发布的《公路建设项目环境影响评价规范(试行)》规定了项目需对环境、生态、噪声、水环境影响进行评估；1998 年发布《公路环境保护设计规范》引导环保型的道路规划设计；2003 年交通部通过《交通建设项目环境保护管理办法》。另外，中国公路学会专门成立了公路环境与可持续发展分会，开通专门网站，发行《道路环境保护》杂志(2007 年合并为《交通建设与管理》)。通过查阅大量文献，以及对我国道路生态景观建设的思考，总结出以下两个方面的建设措施，可有效地将生态原理在道路建设中合理地实施。

(1) 道路的建设应该从线型改善、场地选线、构造形式等方面涉及生态的概念。

选线：为了避免通过生态敏感地和损害栖息地，首先应该做好该地的环境调研和环境评估。

(2) 针对道路与周围环境的生态措施。不管是城市的道路还是乡间的，路面经过雨水的冲刷会有很多污染物质渗透到雨水中，如果这些污染的水体排入自然之中就会产生不良的影响，降低整个环境的水质，因此，应该协调好道路与水体之间的关系[31]。另外，临水的道路建设将会对该水域产生巨大的影响，甚至整个当地的水生态系统都会遭受影响，解决的办法是通过桥架的方式经过该水域的水面；或者在水陆接近处保护好滨水的生物多样性，以及整个水陆的生态完整性。协调道路与山体的关系，减少道路对山体自然肌理和原有森林形态的损害。减少山体径流与道路路面雨水径流对山体土壤以及结构层的冲刷。利用护坡生态修复技术积极修复边坡[32]。协调道路与野生生物关系，建设符合当地野生动物习性的生物通道，以及在沿路设置警示标识、防护措施，以确保野生生物自由安全地通行。同时在道路工程建设和维护管理的时候，应尽量减少扬尘、灯光、噪声、水体污染等对野生生物生存环境的干扰。

2.1.4 地域文化设计元素范畴

地域文化是景观设计的重要创作来源，可以给设计者提供大量的灵感与素材；与此同时，景观设计也在推动着地域文化的发展，两者相辅相成。地域文化元素是地域文化中的符号，是地域文化景观设计中应用接触最多的内容。

地域文化设计元素大致可以分为：自然环境元素、人文环境元素和社会环境元素三种。自然环境元素是特定地域内人们赖以生存的必要自然生存条件，是地域文化元素中最为直观的，包括气候、动植物、地形地势等。在城市道路景观设计中，自然环境元素是设计的背景与基础，要合理地利用与保护。设计构思上应因地制宜，追求可持续发展，回归生态，将道路景观与周边自然景观相结合。人文环境元素包含着一个地区的历史建筑、历史传说、风土人情、饮食文化等，这构成了一个城市的性格与底蕴，是道路景观地域性设计的核心，设计元素多种多样，只有在充分深度挖掘和理解的基础上，才能自然融入景观中。社会环境元素包括社会经济水平、社会价值观念、社会产业布局等。由于各个地区的资源、交通条件、教育水平的不同，会产生不同的特色经济和世界观、审美观。在道路景观设计中，应用社会环境元素不仅可以起到旅游宣传的作用，也可以提升地域性景观的文化内涵。

以上三种设计元素是相辅相成的。自然环境元素是人文环境元素和社会环境元素的基础，人文环境元素、社会环境元素是自然环境元素的升华，更是地域文化差异性的本质体现。

2.1.5 道路景观地域特色的构成要素与应用分析

2.1.5.1 自然要素

自然的要素在城市道路景观设计的过程中有着非常重要的位置，独特的地形地貌给一个地区带来了明显的可辨别性。其中自然气候、环境土壤等都是道路建设的首要考虑因素。

2.1.5.2 城市元素

雕塑、道路、建筑、标志物等这些城市元素都是构成地域特色的基本因素。以上所说的地域特色的相关元素在该地域都有着不同的作用，在它们的构成之下，这些区域所形成的独具特色的道路成为城市中一道靓丽的风景线。综上所述，可以发现这些珍贵的文化元素、地域特色是该地区在发展的过程中经历了很长时间的积淀遗留下来的宝贵财富，是必须保护、发展、弘扬的地域形象。

2.1.5.3 历史文脉

已经融入人们生活中的历史文脉展现了该地区的生命力，因此形成了该地区的独特的地域特色。在道路建设的过程中，历史的文脉，以及当地的特色是这里最好的宣传片。这些古迹不仅仅是历史发展的遗产，也是人类发展遗留的瑰宝，所以我们需要尽最大的可能好好保护这些资源，使这些历史瑰宝可以保留和继续发展下去。

2.2 国内外优秀案例分析

2.2.1 法国香榭丽舍大道

2.2.1.1 香榭丽舍大道基本概况

法国人常常自豪的将香榭丽舍大道(Les champs elysées)称为“世界上最美丽的大道”，这并不是毫无根据的，它的影响力是世界性的，许多国家的顶级城市在城市道路景观建设中都将其作为追求目标，例如日本东京的表参道和中国上海的世纪大道这两条城市标志性道路。

香榭丽舍大道位于巴黎西北第八区，是巴黎核心区东西方向的轴心道路，东起巴黎协和广场，西至星形广场，全长 1 800 m 左右，宽约 100 m，

图 2-1 法国香榭丽舍大道鸟瞰

西高东低[33]。其以原点广场为界限，分为东西两段，东段 700 m 长，是一片以自然为主的都市园林，两侧设计有高大乔木和平坦的草坪，氛围清幽宁静。西段是 1 180 m 长的繁华街区，店铺林立，充分体现着巴黎的时尚与优雅[34]，是将商业与文化完美合一的大道(见图 2-1)。

2.2.1.2 香榭丽舍大道文化景观设计元素

香榭丽舍大道历史悠久，它的修建从 17 世纪初期开始，一直持续到 19 世纪中期，可以说是见证了法国巴黎的近现代发展史，它的演变与巴黎的发展息息相关。巴黎作为世界时尚、艺术之都，是法国文化特色最鲜明的城市之一，而作为巴黎中轴线的香榭丽舍大道更是汇聚了法国的文化历史与特色景观，浓缩了法国重要的历史文化遗迹。另外巴黎人才辈出，香榭丽舍大道还流传着许多人文故事，有着深厚的人文底蕴，雨果(Victor Hugo)、巴尔扎克(Honoré de Balzac)、大仲马(Alexandre Dumas，père)、小仲马(Alexandre Dumas，fils)、左拉(Émile Zola)和莫泊桑(Guy de Maupassant)等都在大道上留有自己的印迹。这些保证了香榭丽舍大道拥有大量饱具巴黎文化的景观设计元素(见图 2-2)。

(1) 新古典主义风格建筑

香榭丽舍大道的奠基人豪斯曼男爵(Baron Georges-Eugène Haussmann)在 1853—1870 年期间将新古典主义风格融入巴黎的城市建筑当中，很大程度上统一了巴黎城市建筑风格，今天的巴黎仍然大致保持了这

图 2-2　法国香榭丽舍大道区域鸟瞰图

城市风格。巴黎作为新古典主义的中心，不仅兴建了一批例如万神庙、凯旋门等具有代表性的经典建筑，也将这种建筑风格传到了世界各地，在建筑文化上发挥着法国“文化超级大国”的世界影响力。新古典主义风格建筑保留了古典主义建筑的色彩与材料质地，色彩上以灰色、金色、黄色和暗红色为主，会少量糅合一些白色，使得整体建筑色调看起来明亮、大方。材料质地上沿用石材，留有传统的历史痕迹，蕴含着深厚的文化底蕴，但是同时也抛弃了传统复杂的装饰与肌理，简化了建筑的线条。风格追求神似古典，主要体现在古典元素抽象化的设计符号上。

(2) 贵族气质历史

香榭丽舍大道所在地原先是供达官显贵消遣的郊野地带，1616 年玛丽・德・美第奇 (Marie de Médicis)皇后将其改造为“皇后林荫大道”，后来由凡尔赛宫的风景设计师勒・诺特(Andre Le Notre)设计。18 世纪初，安坦(Antin)公爵和马里尼(Marigny)侯爵接手了大道的管理。19 世纪初，香榭丽舍大道的所有权全部收归巴黎市政府，最后一次扩建于拿破仑三世(Napoléon III)在位期间。

(3) 民族革命历史

在法国的政治历史上，香榭丽舍大道蕴含着法兰西昨天动人心弦的故事，国王路易十六(Louis XVI)及家人在这里断头，丹东(Georges Jacques Danton)、罗伯斯庇尔(Maximilien François Marie Isidore de Robespierre)在这里领死，法国征服埃及，拿破仑率军击败了俄澳联盟，获得奥斯特利茨战役的胜利在这里凯旋，香榭丽舍大道见证了法国大革命几乎所有的大事记。法国大革命在历史意义上是一场深刻的社会革命,结束了法国千年的君主专制制度,革命力度激烈、影响范围广大,为全世界树立了革命榜样。

(4) 名人轶事

许多18、19世纪的小说都对香榭丽舍大道的繁华进行了描写,比如说大仲马的《基督山伯爵》,小仲马的《茶花女》,巴尔扎克的《高老头》等作品,在书中香榭丽舍大道是贵族与新兴资产阶级的娱乐天堂。除了经典作品文字上的描述,香榭丽舍大道还流传着许多故事,法国大文豪雨果的出殡队伍在这里走过,法国群众也在这里为戴高乐(Charles André Joseph Marie de Gaulle)将军集体默哀过。

2.2.1.3 香榭丽舍大道文化景观设计手法

(1) 提取色彩

香榭丽舍大道以淡雅的黄色与庄重的铅灰色为基本色调,提取了大道两侧新古典主义风格建筑庄重的铅灰色屋顶与淡雅的黄墙,将建筑文化特色转化为色彩,将道路融入巴黎的城市底色之中。不同于巴黎许多道路用沥青代替石砌,香榭丽舍大道仍然用方形的灰色小石块进行铺砌,这个颜色是法国贵族所崇尚的,具有浓浓的法国文化特色,在视觉上很容易使人产生共鸣。同时由于香榭丽舍大道源于皇家林荫大道,所以重视绿色的提取,与巴黎其他道路相比,绿色会更加浓厚,有着更多的绿化量。在行道树的选择上,为保证色彩的协调,香榭丽舍大道选择的是悬铃木(法国梧桐)进行道路绿化。悬铃木树皮为灰绿或者灰白色,落叶呈现的是暗黄色,与巴黎城市底色也是相吻合的。夏天,浓郁的树荫可以遮挡巴黎炽热的阳光;冬天,树叶脱落,又可以让巴黎享受温暖的太阳,非常适合巴黎的气候条件。

(2) 形成视觉焦点

香榭丽舍大道在城市带形空间中有着3个广场作为视觉的焦点,分别是星形广场(戴高乐广场)、圆点广场和协和广场。这3个广场各具文化特色,并且被道路等线形空间串联起来,成为道路中人瞭望的目标,突出了法国历史文化。协和广场具有皇家园林的风格,是法国大革命的象征;原点广场作为过渡节点,将香榭丽舍大道分为自然宁静与繁华时尚两种不同的风格;星形广场既具有现代大都市的气场,又蕴含着法兰西人民的骄傲——广场中心高耸着的凯旋门,是法国革命的胜利标志建筑。3个景观视觉焦点构成了一段法国大革命的历史。

(3) 历史文化景观留存

在大道西段,巴黎市政府斥巨资将香榭丽舍大道两侧具有历史底蕴的商铺进行了修整,把历史文化、景观欣赏和时尚消费融为一体,使人们在进行时尚消费时就能感受到法国的艺术与文化。在留存下的店铺中,

图 2-3　法国香榭丽舍大道街景

发生着与小说中一样的情景，这座城市的过往生活便展现在游客面前。无需过多的语言介绍，人们就能通过眼前的旧物想象出它们的故事。在大道东段，协和广场上也保留着不少的历史遗物，广场上的方尖碑来自埃及卢克索神庙，是埃及总督 1831 年送给法国的礼物；广场上保留的雕塑喷泉仍保持着皇家风范与新古典主义特点。这些都是法国过去辉煌与荣耀最直接的体现（见图 2-3）。

（4）文化继承发扬

香榭丽舍大道非常重视街灯、广告柱、垃圾箱等道路附属设施的设计，在设计中提取了法国新古典主义建筑与皇家装饰的设计形式，加以简化，用现代的方式进行演绎。不仅色彩与周围环境呼应协调，而且造型也具有独特的风味。有着拥有皇家装饰气派的灯饰立柱，也有着与房屋建筑尖顶相互呼应的街灯；隔离桩形状与街灯形态相融；广告栏与报刊亭穹顶造型也与大道两侧房屋建筑的屋顶风格相类。它们在满足实用性的前提下还充分发挥着景观的作用，是大道不可分割的有机组成部分（见图 2-4）。

图 2-4　法国香榭丽舍大道夜景

2.2.2 美国华盛顿林荫大道

2.2.2.1 美国华盛顿林荫大道基本概况

华盛顿林荫大道是美国首都华盛顿市的象征之一，从林肯纪念堂到国会大厦，东西全长 3 200 m 左右，宽度约为 200 m。华盛顿林荫大道于华盛顿被定为首都的次年修建，是由法国工程师朗方(Pierre Charles L'Enfant)规划设计的。原先呈现的是一个"L"形，后来由于城市建设的需求，如今的大道变为了"十"字形。美国著名景观设计师唐宁(Andrew Jackson Downing)也对其进行过景观设计修改补充。经过多年的建设完善，华盛顿林荫大道很好地宣示了美国的意识形态与内涵(见图 2-5、6)。

2.2.2.2 华盛顿林荫大道文化景观设计元素

华盛顿没有悠久的历史，但是作为美国的首都，是美国的政治中心。政治文化与精神文化就是华盛顿独有的地域文化特点，华盛顿林荫大道

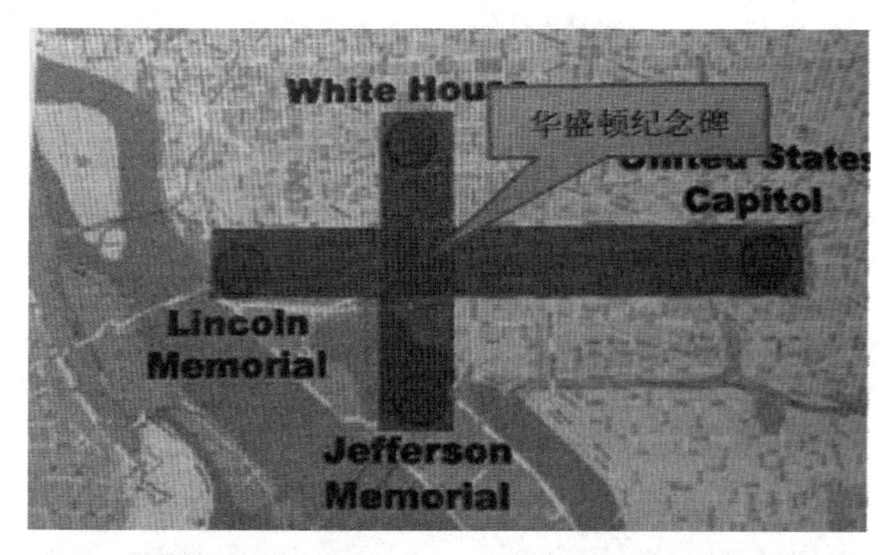

图 2-5 美国华盛顿林荫大道平面图

图 2-6 美国华盛顿林荫大道鸟瞰

图 2-7 美国华盛顿纪念碑

的历史就是华盛顿这座城市的政治历史，其背后蕴含着典型的美国文化价值，这条呈“十”字形的城市带状空间，就是美国文化的景观形态表达，其融入了丰富的形式感(见图 2-7)。

(1) 划时代意义的法律宪章

以“人生而平等且独立自主”为政治理念的《独立宣言》就是在此起草并发表，《独立宣言》是美国最为重要的立国书之一，其深刻地阐述了资产阶级民主主义原则，至今还深深影响着美国的发展。世界第一部资产阶级成文宪法《美国宪法》也是在这里制定的，《美国宪法》确立了美国行政、司法、立法三权分立、相互制衡的政体，体现着民主、平等、博爱的精神，其是美国公民的基本法律，也指导着美国政府的运行，对于美国的政治与社会有着深远的影响。

(2) 承袭的西方文明

美国是一个多文化的国度，现在的美国公民大多数是外国移民及其后裔。美国是一个典型的移民国家，其中以来自欧洲的移民数量最多，他们会发展出共同的文化，同时也会保留并遵循着其原先文明的宗教与传统，所以美国的文化主流还是承袭来的西方文化。西方文明发源于地中海区域，与埃及古文明也有所杂糅，是领先于世界其他地区的文化之一，其中蕴含着强大的思想观念。美国现在留存的西方文明可以说是西方文明在北美这块土地上的变种。

2.2.2.3 华盛顿林荫大道文化景观设计手法

(1) 空间景观形态隐喻

以空间形态来表达政治内涵是华盛顿林荫大道最大的特点之一。从某种意义上来说，华盛顿林荫大道用空间景观语言，向世界展示了美国的主流思想价值观念。华盛顿林荫大道呈“十”字形的结构格局，就是通过城市

图 2-8 美国华盛顿林荫道

空间布局来形成一个基督教的十字架来表达“上帝保佑美国”的隐喻。再者，华盛顿林荫大道地势由西向东逐渐抬高，美国国会大厦处于整条大道位置最高处，其房屋建筑也是最高的，这便用地形地势的差别告诉人们，国会是国家的最高权力机构之一。林肯纪念堂与二战纪念碑、朝鲜战争纪念碑设置在西侧低处，也隐喻着对于伟人离世与残酷战争的哀悼与缅怀。

(2) 植物种植设计隐喻

唐宁在进行华盛顿林荫大道周边植物种植设计时，将在华盛顿地区气候条件下适宜生长的所有树种集合，不论树种的价格高低，是否本土品种，只为形成一个树木与灌木的公共自然博物馆[35]。这隐喻着美国是一个开放且文化包容性强的国家，人人自由平等，不存在人种的高低贵贱，深深的包含着美国的文化价值与社会阶级观念(见图 2-8)。

(3) 构筑物景观形态隐喻

处于华盛顿林荫大道中心地位的华盛顿纪念碑，其设计形态中流露着西方文明的历史厚重感与美国精神文化的核心价值。华盛顿纪念碑的造型为方尖碑，方尖碑来源于西方的埃及，这是一种为具象表现太阳发出金色的光芒而创造的景观形态，在古埃及的文化中是太阳神的象征，代表着无上的崇高。方尖碑作为一个提取的设计符号是西方文明的一种表征。另外在高度与尺度上，华盛顿纪念碑是世界上最高、最大的方尖碑，也是华盛顿哥伦比亚特区内最高的构筑物。这不仅彰显出美国实力是西方国家中最强盛的，也隐喻着美国是西方文化的集大成者。方尖碑所寓意的崇高也隐喻了以美国为首的西方文明下的国家所推崇的政治文化价值的崇高(见图 2-9)。

图 2-9　美国华盛顿纪念碑夜景

2.2.3　上海市宝山区绿色步道

2.2.3.1　宝山绿色步道基本概况

宝山区绿色步道将成为穿越宝山城区的一条连续的游线，并展示不同区域的面貌和地方特色。持续 80 km 的步道代表了宝山新的生活轨迹。就像漂浮在灰色的城市街道与工厂中那绿色的纽带，步道为新的生活品质提供了更多公共绿地以及服务设施，同时也唤醒了老工业城区的人们，将崭新的生活方式纳入它的生活中。城市居民与游客在步道之旅中，通过感受步道所带来的不同的体验以及可选择的次要道路分流，也能体验到新的生活方式。步道这条巨大的纽带为宝山的城区以及居民、游客的新的生活之旅与生活体验提供了很好的平台。

2.2.3.2　宝山绿色步道基本元素

步道的规划需要在三个尺度层面上进行突破来确保整个设计理念能够自始至终的连续，也是为了对地区的特征和对使用的便捷性和舒适性作出解析。

城市尺度——高大形象；

地区尺度——地方特色与文化内涵；

细部尺度——亲切宜人。

(1) 一号区域是作为教育基地来体现它的风貌的，此处最重要的元素是上海大学宝山校区以及宝山五大绿地系统之一的西北公园。步道在此所起到的作用不单单是一个通路或是引导视觉享受，同时更是起到了

图 2-10 宝山绿色步道平面图

为学生们提供学习氛围与美化校园环境的作用。设计中步道穿插于学校校园与科研基地中,并且与学校周边景观系统结合,创造更多空间作为学生的活动场所。作为五大绿地系统之一的西北公园,是整条线路的门户。

步道特色:步道为学校连接西北公园提供了配套设施,同时提供了穿越居住区到东部和西部的交通枢纽,设计元素应反映校园风格。

(2) 二号地段吴淞口岸和滨江景观带是整个步道的"龙头"地段。这里充分体现了吴淞口岸的滨江景观风貌,密集设置了友谊公园、临江公园、湿地公园、吴淞公园。还有具有历史背景和教育意义的吴淞炮台遗址、陈化成纪念馆、淞沪抗战纪念馆、海军上海博物馆,

步道特色:滨江带连接步道周边成系列的旅游景点。本区域的特色是旅游类的娱乐和享受。旅游小道将与市场连接。西部的环道将环绕地区并连接住宅区和公共设施。

(3) 三号地段花园区(绿龙公园)。宝山过去的居住条件很差,现在虽然有了很大的改变,但密集的住宅小区、兵营式的住宅楼还是欠缺人性化的居住模式,而且这样的居住从根本意义上来说,只是满足了住的功能,不能代表真正的生活。步道的修建,努力实现将情感注入社区生活这一理念,让居住的人们能有更多的亲切、自然的交往空间,鼓励人们走到户外相互交流。

步道特色:月浦住宅区以安宁,平静为主。现有公园提供住宅区发展的界线和连接运动和娱乐休闲区。软式铺面会占据大部分的步道,一些较硬的都市元素作为装饰,主题将会以当地植物为主。

2.3 案例小结及启示

2.3.1 案例小结

2.3.1.1 设计手法方面

法国香榭丽舍大道、美国华盛顿林荫大道和上海宝山绿色通道这三条道路不仅仅体现了道路景观的优美,更对其所在国文化进行了弘扬,在景观中诠释地域文化的方式上各具特点。香榭丽舍大道本身的文化特色是大众可接受的,设计元素多为人文环境元素,在景观设计中,强调色彩的和谐和文化氛围的烘托,主要是通过提取文化中最为醒目的设计符号,加以简化,用现代的方式加以组合及对历史遗物的保留来实现,很好地体现了美学原则。这样的文化表达方式,能够给人带来直接的文化感受,是历史文化与现代时尚的完美结合。而美国华盛顿林荫大道以及上海宝山绿色通道的地域文化设计元素多为社会环境元素,所要体现的精神与政

治文化是较为抽象的，类似于香榭丽舍的设计手法是较难实现的，隐喻的手法却能发挥人的主观感受，在景观的提示下，人们可以透过表面感知到其中所蕴含的思想观念。

2.3.1.2　设计思路方面

上海宝山绿色通道相较于先前两个案例，将地域文化元素融入道路整体的景观布局当中，在景观序列上形成了不同文化元素意境，使得工业城区元素和居住片区元素能够有秩序地展开。上海宝山绿色通道作为一个整体，其中不同的文化主题景观带来了不同的韵律，形成了有起有落的赏景意趣。在总体平面构图上，也充分考虑了不同分段的文化主题。这样的设计思路使得上海宝山绿色通道具有鲜明的节奏感，整体系统性强，不会成为文化景观堆砌。

2.3.2　案例启示

通过对以上三个道路景观设计案例的解读分析，可以见得，对道路景观文化的分析与理解决定了如何设计道路景观，即道路景观的特点由文化决定。对于不同的场地的文化特点所采用的设计手法是不同的，适合场地地域文化特点的手法才是最佳的选择。对于地域文化设计元素的分类是尤为重要的，不同类型的设计元素也同样决定着设计方式的选择。再者，道路景观需要一个系统性的设计思路，融入景观序列以及总体平面构图的文化元素会更加鲜明。景观需要强调整体性。

3 基于徽州文化的黄山市迎宾路景观提升研究

基于徽州文化的道路景观解读，可以加深对徽州文化的了解，便于提取徽州文化设计元素，挖掘出徽州文化的精神思想与具象表达；并且可以把握徽州文化与道路景观设计的内在联系，能够为黄山市迎宾路的景观设计打下基础，从而延续与弘扬徽州文化，提升黄山市的文化品位。

3.1 徽州文化的解读

3.1.1 徽州文化的发展研究

徽州文化是随着徽州地区逐步形成和发展的。从宋宣和三年至今，在这长达八百多年的时间内，即使徽州这一个名称已经消失，具有一定历史底蕴的徽州文化依然被后人们继承并发扬。关于徽州文化的发展阶段这个问题，卞利在《明清徽州社会研究》中，汪良发在《徽州文化十二讲》中都有详细的梳理与归纳，结合两者，徽州文化的发展阶段可以大致分为以下 4 个阶段：

3.1.1.1 徽州文化的发生阶段

北宋宣和三年，徽州这一区域府名形成标志着徽州文化的兴起。这时的徽州由于大量中原世家大族的涌入开始尚文重教，府学、县学和书院在这种风气的影响下纷纷建立。教育的发达一方面为徽州地区培养了优秀的人才，促进了宋代理学的兴起，出现了集理学之大成的朱熹等理学家，这些都提高了徽州文化影响力；另一方面也带动了徽州刻书业与其他附属产业的兴起，比如在此期间出现的徽墨、歙砚和澄心堂纸等。可以说徽州在发生阶段就已经显露出其独特的魅力。

3.1.1.2 徽州文化的发展阶段

进入元朝之后，汉文化普遍受到压制与打压，徽州文化在此大背景下也受到一定的冲击，但还是在曲折发展。徽州文化的根基没有被动摇，朱子之学已经发展为哲学主流，成为设科取士的指导思想，这极大地提升了新安理学的地位。同时徽州的教育也没有停滞不前，出现了诸多如郑玉、胡炳文这样的教育家与学者。徽州刻书也进一步盛行。

3.1.1.3　徽州文化的鼎盛阶段

明代中叶以后，注重乡族关系的徽商崛起，其足迹遍布全国，在嘉靖与万历年间得到空前繁荣鼎盛的发展。在徽商强大经济条件的帮衬下，徽州文化也得到了新的发展，教育依旧发达，徽州刻书业已经跃居全国领先的地位，徽州成为全国四大刻书中心之一。随着刻书业的发展，再加上饾版拱花等新的印刷术的发明，徽州版画艺术得到了大大的发展，大放异彩。文学艺术方面也处于繁盛时期，程敏政、汪道昆等大批文化家、戏曲家相继出现；天都画派也开始形成自己的风格；徽州村落建筑也显示出了特点，“三雕”艺术使建筑品味得以提升，徽派建筑作为地方特色展现出来。

清代以后，徽州文化依旧保持着强劲的发展势头，徽州朴学赢得了全国性的地位；新安画派正式形成；徽剧得到发展并且促进了国粹京剧的形成，出现了“四大徽班进京”的现象，徽州文化艺术得到进一步提高。

3.1.1.4　徽州文化的转型阶段

太平天国时期，受到战乱的影响，徽商开始走向衰败。失去徽商经济的强大支撑，徽州文化的发展也逐渐走向末路。进入民国之后，徽州数百年一府六县的格局被打破，承载着徽州文化的徽州区域版图遭到肢解。到了1987年11月，国务院发文撤销徽州地区和黄山市，设立了如今的黄山市，才标志着一个新型徽州文化——黄山文化的诞生。历史证明，即使徽州建制与徽州版图发生变化，徽州文化的形式也随之而改变，但其本身仍然能保持其文化底蕴，在时代的进步中不断更新。[36]

从徽州文化的发展过程中不难发现，促进徽州文化形成的主要有程朱理学、徽商的经济实力与高度发达的教育。程朱理学是徽州文化强大的思想支柱，指导着徽州文化的发展，提升了徽州人与徽州社会的人文理性，是徽州文化的重要理性内核，世代相承宗法制度在一定程度上对徽州文化起到保护作用。徽商经济是徽州文化形成的重要物质基础，贾而好儒的徽商重视教育，强化宗谊，他们将财富一大部分转化成了会馆、诗社、文会、戏班、园林、图书等，徽州文化也随着徽商的足迹在全国各地广为传播，客观地为徽州的发展文化提供了原动力。发达的徽州文化使得徽州地区人才辈出，提供了强有力的后蓄力量，是徽州文化得以形成与繁荣的温床。

3.1.2　徽州文化的特征

3.1.2.1　平民性

在新安理学与徽商经济的推动下，徽州地区的平民教育十分普及。且不论从民间产生的音乐与舞蹈，就连富有文人气息的戏剧也非常注重迎合一般老百姓的审美品味，徽州腔的产生便是平民化的体现。徽剧讲究感官刺激，注重武戏与杂耍等热闹的表现形式，也是为了吸引更多的平民观众。徽州文化的主体构架也是由宋明理学家们从传统的儒家思想提取出来的。

3.1.2.2 兼容性

徽州文化注重兼收并蓄，能够广泛吸纳其他地域文化的优点，形成自己的特色。古越文化是徽州文化的源头，随着中原移民而来的中原文化被转化为徽州文化的主体，其他文化的精华也陆续成为徽州文化的补充。例如徽剧的唱腔就是在广泛吸取弋阳腔、昆腔、秦腔等唱腔优点上形成的。新安画派也积极吸取了米友仁、黄公望和倪瓒的画风长处。徽派版画也将诗文、书法、印章和图画的特色集于一体。这些都是徽州文化兼容性的体现。

3.1.2.3 乡土性

徽州属于较为封闭的自然地理区域，山清水秀、风景秀丽的自然环境影响了徽州文化的个性。在这种环境下长期生活，会给人以一种超脱、恬静与清新的陶冶。新安画派风格淡雅简丽，富有山林野趣与轩爽轻秀的风味；徽派版画细密纤巧，典雅静穆，描绘主题大多是徽州地区秀丽的山川风光。徽州文化的乡土性还体现在注重封建宗族等级制度，传承了在中原地区消失了的魏晋南北朝时期的宗族实态，这是在其他地域难以见到的。徽州人聚族而居，尊祖敬宗，崇尚孝道，文化自成体系。

3.1.2.4 扩张性

徽州文化的影响范围不仅仅局限于徽州地区，而是随着徽商的足迹遍及全国。“无徽不成镇”，徽州文化表现出了强烈的扩张意识，在徽商的聚集地，都有着广泛的传播，徽商是徽州文化辐射扩张的主要载体[37]。徽州本土一府六县可以说是徽州文化的核心区域，沿江沿运河例如扬州等江南城镇为中心区域，延伸至国内边缘区域甚至可达国外。总的来说，徽州文化所包括的空间范围是随着徽州人的活动空间的不断延伸与扩展而变化的，徽州文化强烈的扩张意识使其具有全国意义，较之偏于一隅的区域文化要高出一个层次。

3.1.2.5 丰富性

徽州文化的丰富性主要体现在有着丰富的文化遗存，徽州历史文献众多，目前尚存 3 000 种左右的徽州典籍文献；西递、宏村的社会遗产地众多；徽州保留遗物众多，有着国家级和省级等各种地面文物 5 000 余处，馆藏文物 20 万件；非物质文化遗产众多，国家级非物质文化遗产 15 项，安徽省首批非物质文化遗产 18 项，市级 29 项，县级 129 项。在有着大量数量的同时徽州文化也有着丰富的内容，凡是与徽州社会历史发展有关的内容都属于徽州文化范畴[38]。所涉及的学科众多，涉及经济、社会、教育、文学、艺术、工艺、建筑、医学等诸多领域，且每个学科和门类的内容极其丰富。

徽州文化的平民性、兼容性、乡土性、扩张性、丰富性特点，对徽州文化道路景观的建设颇有启示。道路文化景观想要充分发挥其文化特色，必须有大众观念，不能墨守成规，要适合现代大众的欣赏口味；另外要大胆吸收当代文化中的一切积极成果，兼收并蓄，不仅要传承弘扬徽州的传统文化，也要符合当代新式的黄山文化这种新型徽州文化。

3.1.3 徽州文化的价值与地位

3.1.3.1 徽州文化的价值

徽州文化具有丰富与深刻的价值，从徽州文化中可以认识到徽州人的价值观、道德观、风俗习惯、思维方式、生活方式和生产方式等等，使得人们能够全面而真实地了解整个徽州社会的完整形态。其次，徽州文化典型地反映了中国封建社会后期的历史文化特点，为认识完整的中国封建社会的真实面貌提供了条件，是中华地方文化的典型。徽州文化不仅有助于对过去的认知，对当代社会的建设也有着重要的借鉴意义，科学开发徽州文化资源可以直接为地方经济发展提供服务[39]。安徽省政府多年来一直有着“打好黄山牌、做好徽文章”的文化发展战略口号，黄山市在城市规划中也在一直强调徽州文化风貌的构建。徽州文化正在创造着良好的效益，如果没有后人对徽州文化的继承和发扬，黄山市也不能拥有“世界自然和文化遗产”的桂冠[40]。在城市道路景观设计中，徽州文化能够极大地提升道路景观的识别度，进而提升黄山市城市空间的识别度，也能提升道路景观的吸引力，浓厚的徽州文化氛围能使人产生归属感和向心力。

3.1.3.2 徽州文化的地位

徽州文化是中国封建社会发展到后期，封建政权、思想、文化充分高度集权加强一体化时期形成并获得极大繁荣的地域文化[41]。徽州文化的本质属性是一种典型的中国封建文化。徽州文化既是地域文化的代表又是中华文化的代表，具有重要的地位。在如今的安徽，徽州文化是主要文化之一，安徽的徽字就来自于徽州，安徽无疑已经打上了徽州文化的深刻烙印，徽州文化可以说是安徽文化发展的灵魂与核心。不仅如此，徽州文化以及徽州社会生活方式与结构也是中国后期封建文化形态的典型投影和标本，徽州区域的文化与物质文化遗产在相当程度上反映着广阔范围的中国历史文化，提供了认识中国古代社会历史文化面貌的平台。徽州文化如今在国际上也颇具地位，受到各国史学界的关注,并取得了国际性的进展,日韩及欧美国家学者对徽州文化研究都有专著,徽州文化国际化研究与交流也日益频繁,已然成为他国比较文化研究的对象。

3.1.4 徽州文化设计元素

3.1.4.1 自然环境元素

(1) 黄山山峰

黄山位于黄山市屯溪区以北,纵横盘踞在皖南徽州地区与芜湖地区之间,地跨歙县、黟县、休宁和太平四县。黄山虽然不在五岳之列,但兼具诸名山之美,而风貌独具一格,故有“震旦国中第一山”之称,更有我国古代地理学家徐霞客“五岳归来不看山,黄山归来不看岳”的美赞[42]。黄山奇峰林立,不计其数,已经被命名的主要山峰号称72峰,分为36大峰,36小峰,它们都属于直立柱状高峰,拔地而起,山势雄伟挺拔,蔚为壮观,百余里外即可看见,其中尤其以莲花峰、光明顶、天都峰三峰最高,海拔都在1 800 m以上,三峰鼎立,各有奇秀,胜过东岳泰山之雄伟,西岳华山之峻峭。72峰大小主次搭配得十分巧妙,相映成趣,相得益彰。黄山的山峰是黄山的主要特色景观之一,也是原徽州这个多山区域的众山的代表,山峰这个元素可以说是徽州文化自然地形的一种特色(见图3-1)。

(2) 黄山云海

黄山地区在受到冷暖锋面、低气压等天气系统影响时,受山地地形抬高的作用,很容易形成笼罩在半山腰的云,这便出现了云海现象。黄山云

图3-1 黄山奇峰

图 3-2 黄山云海

海按照天然形成方位分为东海、西海、南海、北海和处于它们之间的天海五大云海区，五海间有峡谷相互连通，使得黄山云海不像一般的云海那样开阔，而是凝聚于山峦之间，满山皆云海茫茫，仅有高峰立于其上，景色奇妙壮观，变幻莫测，风平浪静时如处子波澜不惊，转瞬风起时便又风起云涌，如浪花飞溅，白浪滔天，尤其是在雨后或者日出日落之时景色更是蔚为壮观，故黄山云海被称为黄山奇景之首。飘忽不定的云海也给黄山带来了神秘感，形态飘渺，给人以一种含而不露的朦胧美。黄山云海妙在似与不似之间，没有标准的形式，体现了黄山独有的美学韵味。黄山云海不仅自身是美景，也充分烘衬出了黄山山峰，动态的云与静态的山相结合，产生了动静对比统一的形式美感，极大地丰富了山水风景的神采与表情(见图 3-2)。

(3) 乡土与特色树种

徽州植物资源丰富，各类植物总量达 3 000 种之多，汇聚了中亚热带与暖温带的树种。徽州地区山地分布广泛，占总面积的 70%，素有“七山半水半分田”之称[43]。气候特点是气温较低，积温较小，多云雾，少日照，降雨丰富。特殊的地貌和气候条件使得徽州地区不适宜农作物生长，但是适合林业生产，尤其是杉树、松树、毛竹与茶的生长，其中松树既是徽州的乡土树种，也是徽州的特色树种。在如今新旧徽州文化交融的黄山市，乡土树种与原徽州地区相差无几，但是特色树种的特点更为突出明显，也形成了符合城市风貌的特色植物群落。

黄山松闻名遐迩，在徽州地区植物中一直都占据着重要的地位。它们独立挺拔，形态奇特，生长在海拔 600 m 以上的岩石峭壁之中，有俯有

图 3-3 黄山奇松

仰，有直有屈，树树皆不同，更有迎客松、送客松、探海松、蒲团松、黑虎松、卧龙松、麒麟松、团结松、连理松和竖琴松等黄山名松。黄山松具有强烈的代表性，看见黄山松便能让人想起徽州，这不仅仅是因为其形之特，其形坚韧挺拔也包含了黄山人民的气节和人生态度，现在黄山市的市树就是黄山松，另外具有城市文化特色的植物还有黄山杜鹃（见图 3-3）。

3.1.4.2 人文环境元素

（1）徽派建筑

徽派建筑是一种具有明显地域特色的建筑，也是中国古建筑重要的流派之一，历来为中外建筑大师所推崇。[40]其自成一个传统乡土建筑体系，集古典、简洁与富丽于一体，汇聚了徽州地区的山水风景灵气，融合了徽州人民的风俗文化精华，从色彩、造型、装饰等方面都反映着徽州文化的特性。徽派建筑有着巨大的魅力，对扬州、苏州等周边地区的建筑风格都产生了相当大的影响。徽州地区现如今还留有大量的徽派建筑，散落在徽州大大小小的村落中，吸引着国内外游客纷至沓来（见图 3-4）。

徽派建筑具有典雅的外观。徽派建筑一般都是青瓦、白墙、黑墙边，给人以一种淡雅明快的美感。散落聚集的建筑使得青色、黑色与白色错落交集，整体色彩效果以黑白相间为主，间以灰、黑、白的层次变化搭配。这种黑白相间的色调虽然是重复众多的，但是重复而不觉其厌，众多而不觉其繁，能够给人以深刻的整体美感和鲜明的整体形象，从而渲染了徽派建筑的基本风貌[44]。这种黑白相间的色调也会令人联想到太极图，单纯

图 3-4 徽派建筑外观

图 3-5 马头墙

得一目了然，却又似乎神秘莫测，生生不息，表现着道法自然的美学。可以说黑白这两种颜色便是徽派建筑的代表色。

徽派建筑具有别致的山墙。徽派建筑最引人注目的便是马头墙的造型，这种建筑形式是将房屋两侧的山墙升高超过屋面与屋脊，并以水平线条状的山墙檐收顶。为了避免山墙距离屋面高度过大，采取了向屋檐方向逐渐跌落的形式，既节约了建筑材料，又使得山墙立面高低错落，富有变化。[45]马头墙一般会根据建筑物的进深尺寸来确定山墙阶梯的级数与尺度，多为三叠或者五叠。马头墙的出现使得建筑高大、封闭的墙体变得富有动态的美感，产生万马奔腾的视觉动感，寓意着整个宗族的生机蓬勃，翘首远盼的马头也表达着对在外经商的家人的思念。马头墙作为一个徽州文化设计元素，包含着美学价值与精神内涵(见图 3-5)。

徽派建筑具有精美的装饰——三雕。徽派建筑素有“无宅不雕花”的

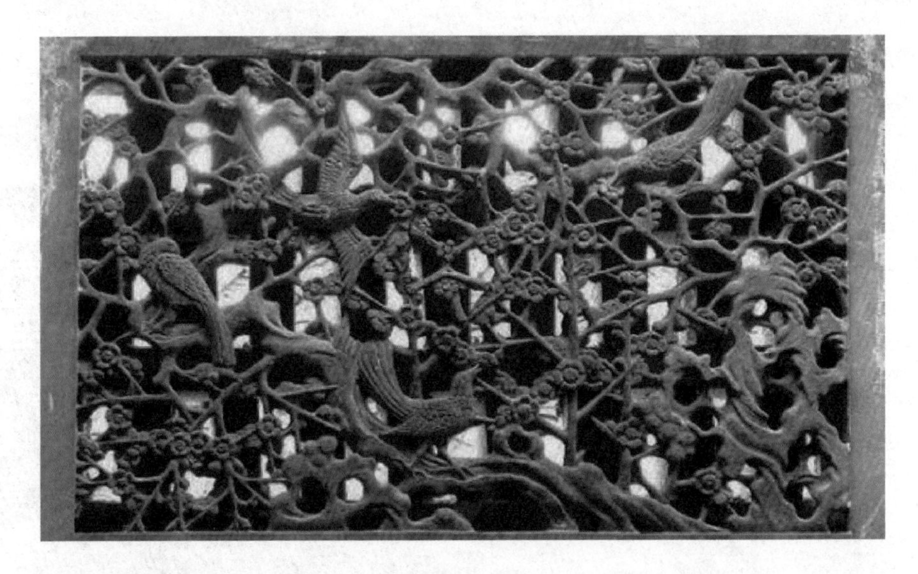

图 3-6 三雕艺术

美誉，注重在门楼、柱基、窗户、格栅等位置配置精美的雕刻，形成一种清丽高雅的艺术格调。徽派建筑的雕刻装饰按照材料来分有砖雕、木雕和石雕 3 类。砖雕造型题材广泛，明代风格粗犷朴素，刀刻手法以浮雕与浅透雕为主，强调对称；清代以后强调构图，风格开始变得细腻繁杂，透雕层次加深。木雕根据建筑物部件的不同采用圆雕、浮雕、透雕等不同的手法，表现不同的内容，既美观又实用，且均不饰油漆，通过高品质的木材色泽与自然纹理，使雕刻的细节更显生动。[46] 木雕装饰中，花草、虫鱼、云头、回纹变形的较多，民间风情味浓厚，充分体现了木雕的创新性与独特的风格。徽州石雕题材因材料的关系没有砖雕与木雕丰富，以动植物形象与书法字体为主，少有山水风景和人物故事。雕刻手法以浮雕、浅透雕与平面雕为主，精细而又古朴大方(见图 3-6)。

(2) 徽派篆刻

徽派篆刻的代表人物是何震。何震在当时忽略秦汉篆刻的背景下，率先对先秦刻石和金文进行研究。他的篆刻以刀代笔，再现了秦汉印章中的凿、铸、镂、琢之美，气韵流畅，是明末印坛上的领军人物[47]。在他的带动下徽派篆刻形成了自己的艺术特色。徽派篆刻有着一以贯之的崇古思维，徽州刻匠对秦汉印章有着深刻的理解，师从而不守旧，崇古而不拘泥，转为己用，诞生出各种印章风貌。徽派篆刻的古风在发展初期尤为明显，刀味颇浓，有着一种猛利刚劲之气。发展到后期，在崇古的大背景下，徽派篆刻开始追求雅意平和的审美意趣，意识到猛利是一种力的表现，平和也是力的一种表现，印面的平和也并不是没有力度的，整体讲究用笔运刀，刀随意动，章法整齐活泼。在崇古思维与审美意趣的基础上，徽派篆刻也有着丰富的个性，徽州印人辈出，风格各异，推动着徽派篆刻的欣欣向荣(见图 3-7)。

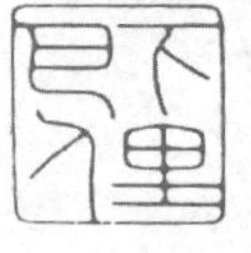

图 3-7 徽派篆刻

图 3-8 徽州戏曲

（3）徽州戏曲

戏曲是徽州文化的重要组成部分，徽剧有着十分重要的地位，其不仅是国粹京剧的基础，也对中国南方许多地方戏曲有着巨大的影响，是中国第一批国家级非物质文化遗产。徽剧善于博采众长，兼收并蓄，唱腔具有相对的广泛性与多彩性，以吹腔、拔子和皮簧为主要唱腔，每个唱腔各有特点，吹腔轻柔委婉，拔子高昂苍劲，皮簧明亮尖锐，多种唱腔更加具体形象地刻画出了戏曲人物情感。徽剧演出的基本特点是：重排场、善武功、讲功架，风格朴实粗犷，具有浓郁的乡土气息。徽剧讲究大气派，行头戏服富丽堂皇。徽剧同时也注重武功，徽剧有着自己的武功套路，平台与高台武功在徽剧中极为突出[48]，善以高台跌扑来震惊观众，强调效果惊险精彩。身段亮相要有雕塑感，对于人物刻画有着程序化的象征体态与固定的服装道具。此外，徽剧中有许多戏都是直接反映普通老百姓生活的，十分贴近平民（见图 3-8）。

（4）徽州茶

徽州地区盛产茶叶，是中国重要的茶产区之一，茶业也是徽州地区一项主要的经济产业[49]。徽州茶香高味醇，其产量与品质在国内都是名列前茅的，名声更是享誉海内外，其中祁红、屯绿历史悠久，屡屡获得国内外奖项；黄山毛峰、太平猴魁、顶谷大方名列全国十大名茶；休宁松萝、金山时雨、黄山银钩等等都是茶中珍品，徽州茶可谓是国饮之冠。优良精致的徽州茶孕育出沉淀丰厚的茶文化，徽州茶文化源远流长，涉及茶道、茶礼俗、茶饮习等与茶有关的文化活动，更是融入了诗文、书画、歌舞等艺术形

图 3-9 徽州茶

式，历朝历代茶诗、茶画、茶著举不胜举，是博大精深的徽州文化的重要组成部分。在如今的中国，像徽州一样拥有如此丰富的茶资源的地区可以说是凤毛麟角了(见图 3-9)。

(5) 徽州版画

徽州版画是中国版画的群峰之巅。徽州版画的特点可以归纳为：细密纤巧，富丽精工，典雅静穆，有文人书卷气，也有民间雅拙味。[50]徽州版画注重线描手法的应用，构图完整饱满，多采用近景，不留空白，人物注重心理描绘，并把国画中线条的处理方法带入版画之中，线条刚柔相济，场面镌刻精细富丽，讲究诗情画意，常常配以诗、文和印章，强调装饰效果。此外，彩色套印技术的发明使得徽州版画乃至全国版刻都得到了质的飞跃。徽州版画极大地影响了全国版画艺术风格的发展方向，代表了中国传统版画的最高成就。徽州版画集篆刻、书画、文学精彩处于一体，其美学价值极为丰富(见图 3-10)。

图 3-10 徽州版画

3.1.4.3　社会环境元素

(1) 徽商精神

徽商精神是徽商在经商实践中逐渐形成的为社会普遍认可的思想品格、价值取向与道德规范，是古徽州商人群体心理特征、文化传统、思想感情的综合反映，是徽州地区极为珍贵的精神财富和宝贵的历史文化遗产[51]。徽商有着吃苦耐劳的创业精神，徽商终年奔波于家外，往往以微末的小生意做起，投入了大量的劳动与时间，这是其他地区商人中所罕见的。另外由于徽州多山地不适宜农业耕种，大量徽州人在年少时便出门经商闯荡，这也是商界少有的。徽商奢侈富有身影的背后是一路的艰辛，这种经商创业的精神是难能可贵的；徽商有着贾而好儒的人文精神，这种精神既促使徽州文风昌盛，又对商业经营有着积极的影响。徽商是一个具有相当文化程度的商人集体，其会利用儒学提升商业理性，把握商业运作的潜在规律，同时虽经商而不忘文教，为文教事业的发展作出了不小的贡献；徽商有着通权达变的创新精神，创新是徽商向前发展的重要力量。徽商敢于打破世俗重农抑商的思想，轻本重末。在经营范围与方式上，徽商勇于突破，扩大经营范围到各个产业，经营方式走贩、囤积、开张、质济、回易五种并用，相机而行。徽商精神不仅丰富深化了徽州文化，对于当今社会也有着重要的借鉴与参考价值(见图 3-11)。

图 3-11　徽商故里

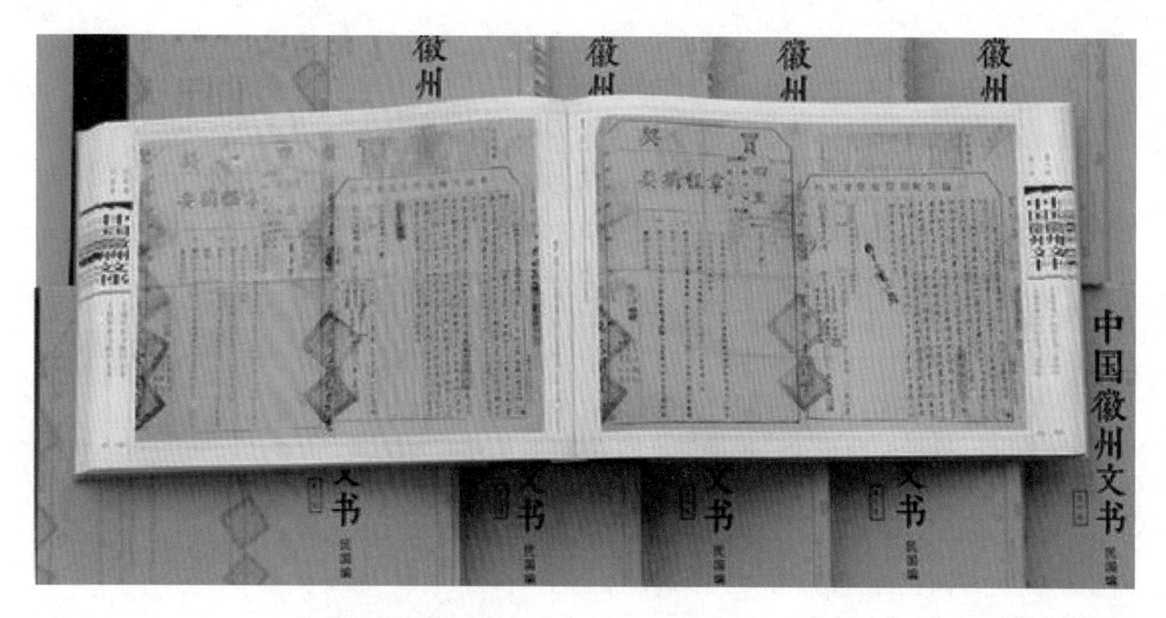

图 3-12 新安理学

(2) 新安理学

新安理学可以说是徽州社会的灵魂，作为朱熹理学的重要地方性分支，是理学与徽州社会地方特色相结合的产物，始终尊崇着朱子之学的主要思想理念。新安理学对于徽州影响至深，构成了徽州人文的思想基础与理性内核[52]。新安理学从整体上来说，是讨论人与自然的关系，人在宇宙中地位的学说，其核心部分探讨的是人生的价值与意义以及如何建设理想大同社会，“理”的学说贯穿着整个体系。新安理学有着鲜明的特点，首先，新安理学尊理重礼，以朱子之学为学术宗旨，将儒学的伦理道德观念与自然万物现象、规律抽象为天理，确立了儒家思想的权威性；又将天理形而下地具体为百姓日常之礼与社会伦理常识之礼，强调三纲五常、宗法伦理，因而导致徽州社会变为一个稳定性极强的封建宗法社会。其次，新安理学富有实用理性，其提倡人文教化，排斥佛道思想，推崇积极入世的人生要旨，在注重品格修养的同时注重将其学术付之于实践。在这种思想的熏陶下，徽州社会尚文重教蔚然成风，历史上英才辈出。虽说新安理学的思潮已经随时代远去，大多数观点都失去了原有的价值与意义，但是蕴含在其中的思想精神已经浸润到了徽州文化的血液之中，值得我们去体会、开发与创新(见图 3-12)。

3.2 徽州文化与道路景观设计的联系

3.2.1 徽州文化提升道路景观识别度

徽州文化与其背景下的城市道路景观是相互影响，相互制约的。想要提高城市道路景观的识别度，增强人们的认同感，就需要地域文化，即徽州文化的融入。城市道路的基地特征条件是道路景观的骨架，而徽州文化便是其血液。徽州文化有着丰富的物质与精神元素，一方面这些元素能够为道路景观提供多层面的设计理念与设计思路，极大丰富道路景观形式，形成多样的景观价值，进而提升城市道路的艺术品质，改善城市的整体形象；另一方面，徽州不同层面文化元素可以赋予道路景观小品、植物以及基础设施以文化趣味，激发观赏者的兴趣与归属感。总的来说，徽州文化能够给予其背景下的城市道路景观以个性，增强景观识别度，避免随着现代建设的浪潮变得千篇一律。

3.2.2 道路景观是徽州文化的有益载体

徽州文化是一张形象独特的明信片。城市道路是一座城市的骨架，人们可以通过道路景观较为直接地感受徽州文化，城市道路景观是传承延续徽州文化的重要物质媒介。如今的徽州文化越来越受到政府以及外界的关注与重视，想要在现代城市生活中在人们日常可见的、息息相关的生活环境中展现徽州文化的魅力，道路作为人们必不可少的城市生活空间能够拉近徽州文化与受众之间的距离，使得人们可以时刻感受到徽州文化的历史沉淀，徽州文化也能够通过城市道路景观得以发展。徽州文化应该符合现代社会的要求与审美，在充分保留发扬徽州文化的基础上，同样需要结合现代先进的技术条件，使得徽州文化满足当今城市道路景观建设特色。

3.3 道路景观中徽州文化特色的形成

3.3.1 运用自然元素形成徽州文化特色

3.3.1.1 运用地形地貌元素

徽州地区相较于其他地区，地形地貌多山峦山峰，更是有着举世闻名的黄山奇峰，拥有着出彩的自然特点。在道路景观设计中应当突出强调徽州山峰元素，满足人们对于徽州地区地形地貌的认知，传达出徽州多名山奇峰的景观讯息，形成城市道路风格。因山峰形象具体，其山形、山势以及诸多山峰之间的组合形式都是可以直接引入或者间接暗示在道路景观之中的。

3.3.1.2 运用自然气候元素

不同的自然气候条件能够带来不同的城市道路景观空间个性。具有区域特色的自然气象景观更是可以在道路景观中增添特有的印迹，徽州地区的黄山云海气象景观便是其一，可以作为道路景观中的特色亮点。

作为一种气候与地貌结合形成的自然气象，黄山云海没有固定具体的形态，在道路景观设计当中，求其神高于求其形。再加上黄山云海与黄山山峰的组合美感，可以在道路景观设计中有所借鉴，加强黄山云海元素与其他设计元素的组合。

3.3.1.3 运用乡土及特色植物元素

在城市道路景观设计中，植物景观是重要的一环，对于道路景观徽州文化的塑造起着至关重要的作用。景观绿化中多使用乡土植物，不仅选苗容易，长势快，成型效果好，带来植物种植经济的节约，也可以体现出徽州地区的地域文化特色。徽州地区有着自己的特色植物，例如市树黄山松以及市花黄山杜鹃。黄山松形态特征鲜明，形态上各有不同，关键是抓住黄山松苍劲有力的气质特点及其精神寓意。黄山杜鹃生长环境海拔高，不适应一般种植环境，但是可以考虑在道路景观植物配置中突出体现杜鹃。

3.3.2 运用人文元素形成徽州文化特色

3.3.2.1 运用生活文化元素

徽州地区塑造了徽州特有的人文生活，徽州生活文化产物的融入可以使得其背景下的道路景观更加具有熟悉的历史归属感。徽州典型的人文生活文化主要包含徽派建筑、徽州茶文化。徽派建筑中黑、灰白、青的整体配色是其色彩代表，在道路景观设计中可以提取作为道路景观色彩的参考。徽派建筑中的马头墙形象象征性很强，很大程度上代表了徽派建筑的特点，其结构形态可以提炼出形象符号，结合进道路景观中。同样徽派建筑中的三雕艺术，其多种形式题材与雕刻手法能够极大地丰富道路的景观细节。徽州茶文化蕴含着徽州人民的生活态度，茶的形态及其背后的文化都是能够提取出来的，如果可以巧妙地运用到道路景观设计中必定能加重徽州文化的韵味，成为一处景观亮点。

3.3.2.2 运用艺术文化元素

徽州地区的艺术文化是徽州人民智慧的结晶，体现了徽州文化的灿烂多彩，将其提炼结合入城市道路景观中不仅可以带来生动的景观内涵，增强景观的吸引力，也可以传承与发扬徽州特色艺术[53]。徽州艺术丰富，可供提取的设计元素众多，主要的设计元素有徽派篆刻、徽州版画、徽州戏曲。徽派篆刻这个设计元素突出的是字的手法韵味，在道路景观设计中既有标识功能又有着文化气韵的传递。徽州版画是一个构图、层次完整的设计元素，保持其整体能够更容易使人体会到其文化魅力，过度的抽象与分解效果反而易适得其反。徽州戏曲作为设计元素自身特点鲜明，可用视觉感受，也可以通过听觉感受，给人带来的感官印象是多元的，如何将其立体展现在道路景观设计中是文化融入设计的关键，徽州戏曲基本特点如何转化在视觉与听觉之中是关键。再者，在城市道路景观中，应当将徽州艺术与当代新的技艺、材料相融合，形成符合现代大众审美标准的道路景观空间。

3.3.3 运用社会元素形成徽州文化特色

徽州社会的精神与思想是徽州文化繁荣发展的支柱，道路景观设计应当以其作为参考准线，与之相适宜乃至结合。城市道路景观设计中可以吸取其中的观念特点，融入总体的设计做法。徽州社会主要的精神思想包含徽商精神与新安理学，徽商敢于创新，勇于突破，贾而好儒，吃苦耐劳，这些特质具有现代意义，在现代设计中也有着极大的价值，融合徽商精神，化抽象为具体，古为今用，能够很好地传播与弘扬徽商文化精神。新安理学也是徽州社会的重要的思想理念，有着丰富的内涵，是徽州社会精神面貌的特征，城市道路景观中加入新安理学的元素，会使得徽州文化的体现更加丰满而具体[54]。

3.4 黄山市迎宾大道

黄山市隶属于安徽省，古称徽州，1987 年 11 月国务院撤销徽州地区设立了地级黄山市。黄山市地处皖浙赣三省交界处，历史悠久，至今已有 2200 多年的历史，是徽州文化重要的发源地。全市拥有国家级文物保护单位 31 处，国家级非物质文化遗产 21 项，国家级历史文化名城、名镇、名街、名村 21 处。黄山市境内山水风光奇绝，品位极高，有着 55 处 A 级以上的景区，旅游资源密度约为全国平均水平的 40 倍[55]。近年来，黄山市先后获得中国优秀旅游城市、公众最向往的中国城市、国家园林城市等一系列殊荣。在 2008—2030 年的黄山市城市总体规划中，黄山市的城市性质被规划为世界著名的现代国际旅游城市，城市景观风貌上注重对城市历史文化和地方特色，即徽州文化的保护与发扬，注重发展城市旅游业。尤其是屯溪区，是新兴市域旅游经济的增长点，同时也是重要的城市历史风貌保护区。总的来说，黄山市是一座地方文化底蕴深厚，山水风光秀丽，旅游资源丰富，充满现代生机的国际旅游城市。

3.4.1 项目概况

3.4.1.1 区位条件

黄山市迎宾大道路段位于屯溪区现代服务产业园内，西起黄山市屯溪国际机场，东至市区屯溪五路，路线全长约为 3.5 km。在《黄山市经济开发区总体规划(2015—2030)》中，迎宾大道是空间布局的重要轴线，并且位于徽知创意板块，是板块中的重要道路，担任着体现文化景观与疏导交通的双重职责。该路段是屯溪九龙工业园区、黄山市屯溪国际机场与黄山市主城区连接的重要通道。迎宾大道与在建的梅林南路形成了西部片区连接经济开发区和黎阳片区的南北交通要道(见图 3-13～15)。

图 3-13 区位分析

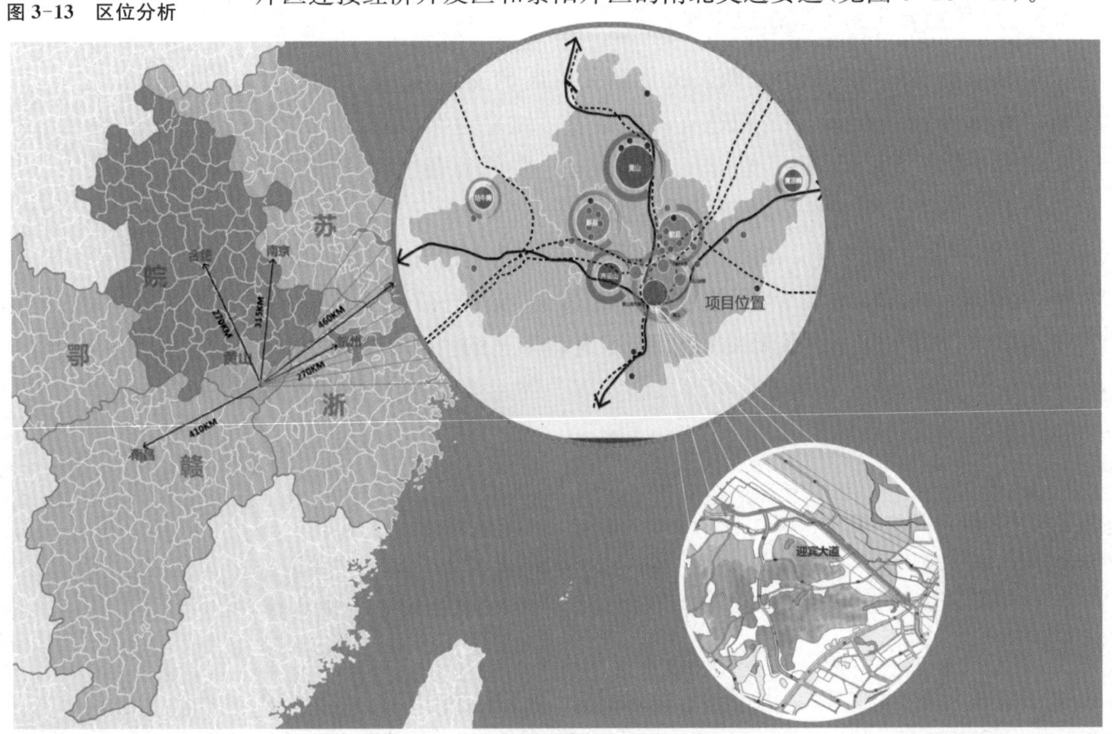

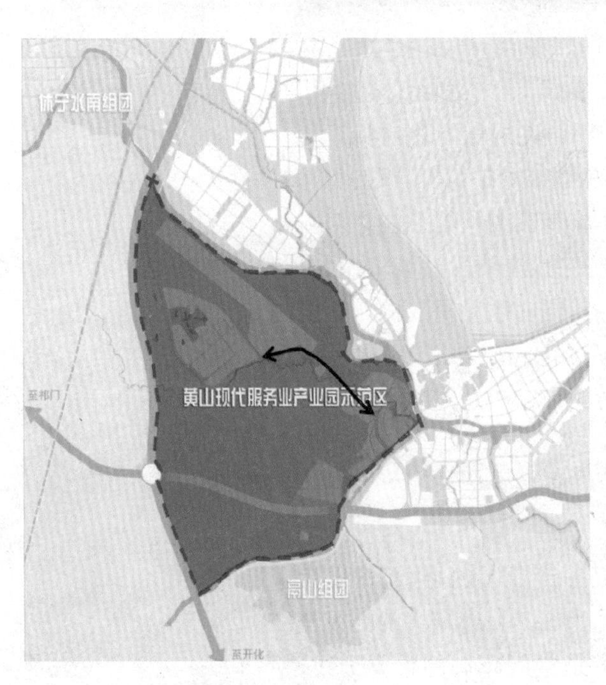

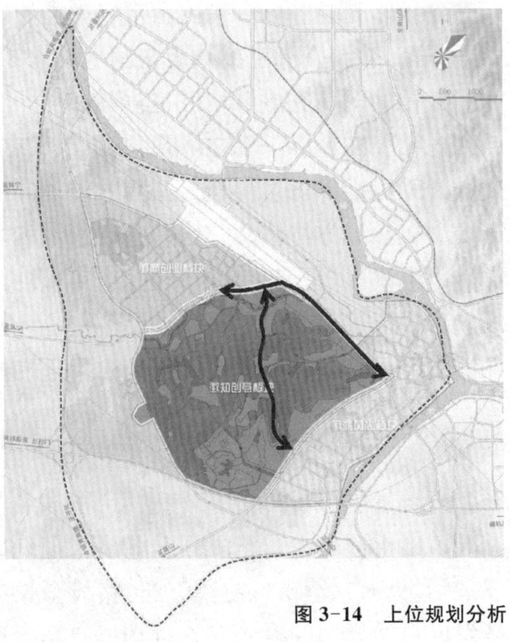

图 3-14 上位规划分析

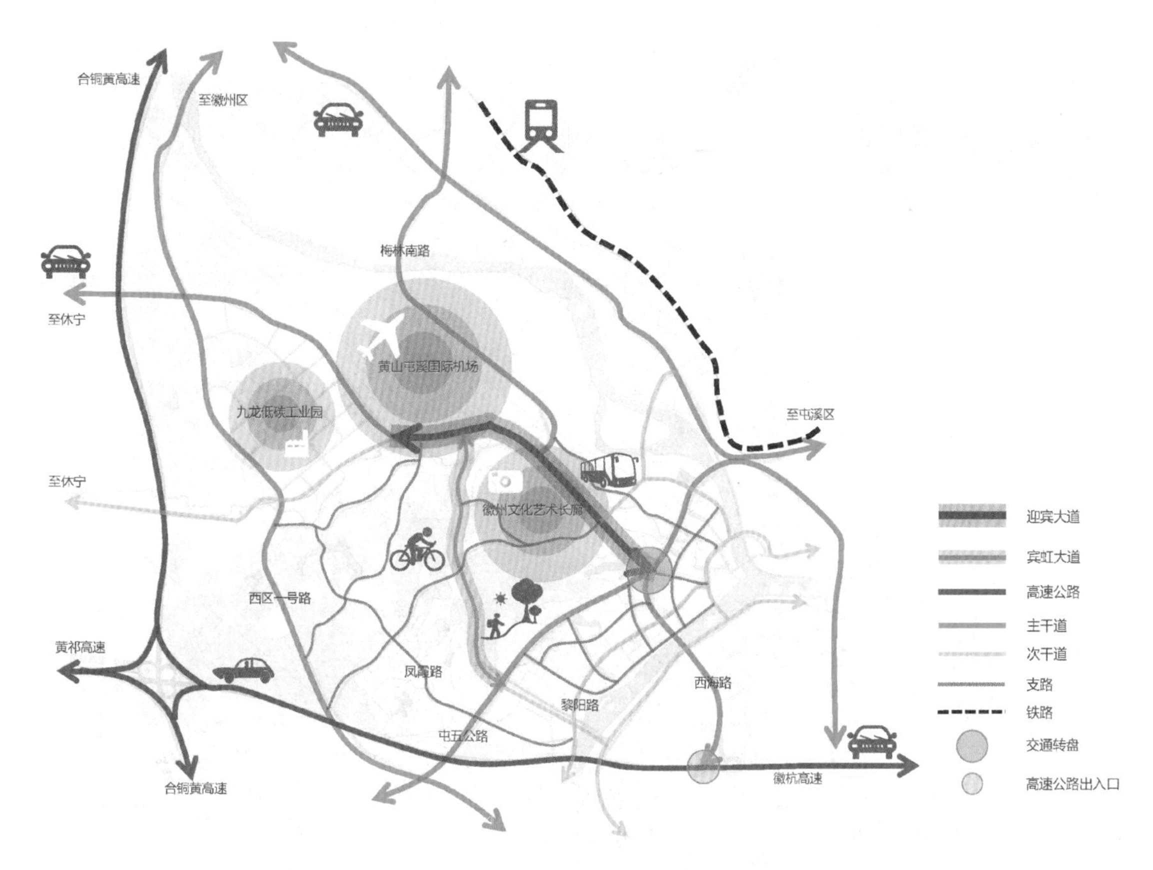

图 3-15 交通区位分析

3.4.1.2 周边用地情况

迎宾大道是路经产业园进入黄山市区的必经之路，周边用地文化产业聚集，居住组团较多，整体地形较为平坦，部分区域有一定的起伏，东侧有一条已经建成的现代服务产业园内部双向车行道，并且紧邻一条人工水渠，局部区域后有小规模山体。迎宾大道西侧为未建设开发的农业用地，东侧根据安徽黄山现代服务产业园总体规划(2014—2030)用地规划图，分别为居住、商业用地，文化设施用地与居住、娱乐康健用地，其中商业与居住、娱乐康体基本设施尚未建成，文化设施用地区域已有一定文化产业园建设基础。目前建成有文化展示建筑：徽菜博物馆、徽州糕点博物馆，文化服务建筑：黄山市图书馆、黄山市城市数据中心，园区核心建筑：黄山市城市展示馆、中国徽州文化博物馆，建筑形式各异，整体建筑风格集合了徽州古韵与现代气息，建筑立面时尚大气，有着较好的文化展示效果，附属于建筑也形成了部分植物绿化与景观小品，具备一定的景观基础。另外于黄山市城市数据中心、中国徽州文化博物馆与黄山市城市展示馆前有着人流量较大的出入口(见图 3-16)。

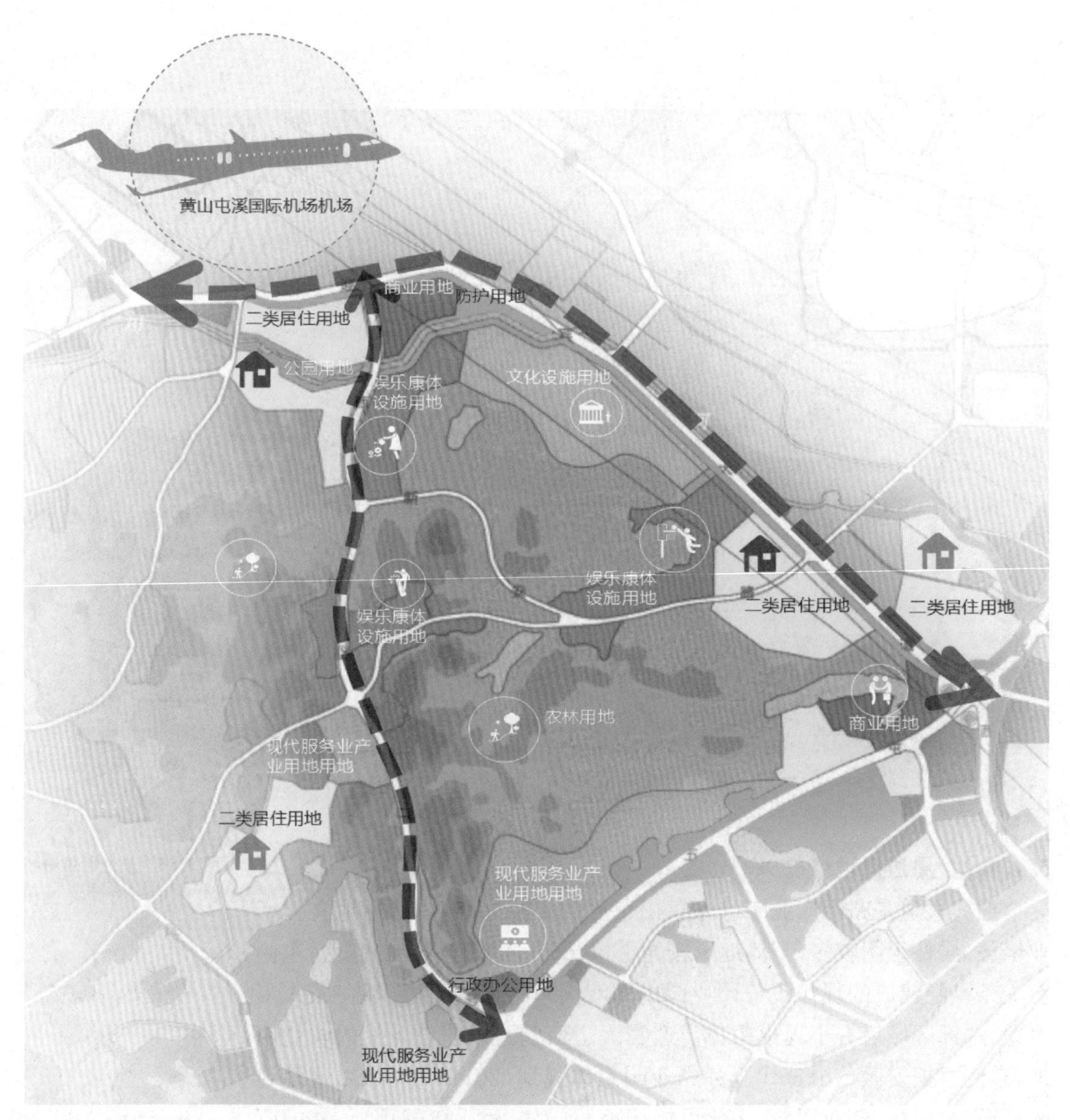

图 3-16　周边用地情况

3.4.1.3　道路基本情况

迎宾大道道路宽度为 54 m，为双向四车道，现状机动车通行量较大。设计红线范围为东侧 30～50 m 绿地与已建成道路中分带、侧分带，中分带宽度 6 m，侧分带宽度 2 m，总面积大约 14 万 m^2，道路最高限速为 60 km/h(见图 3-17)。

迎宾大道结合周边环境大体可以分为 3 种断面模式，具体来说有模式一“农田＋河道”，模式二“农田＋建筑”和模式三“山体＋建筑”，根据现场调研分析，整体路段断面依次为模式一、模式二、模式一、模式三，有着不同的视线格局关系(见图 3-18)。

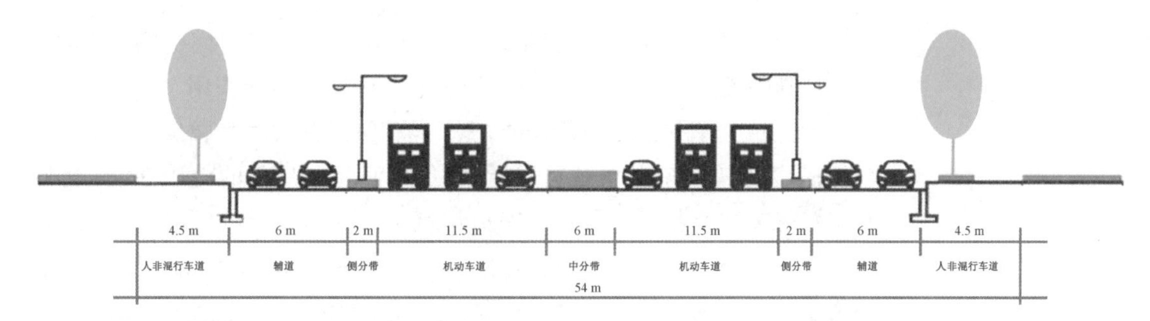

图 3-17 道路断面

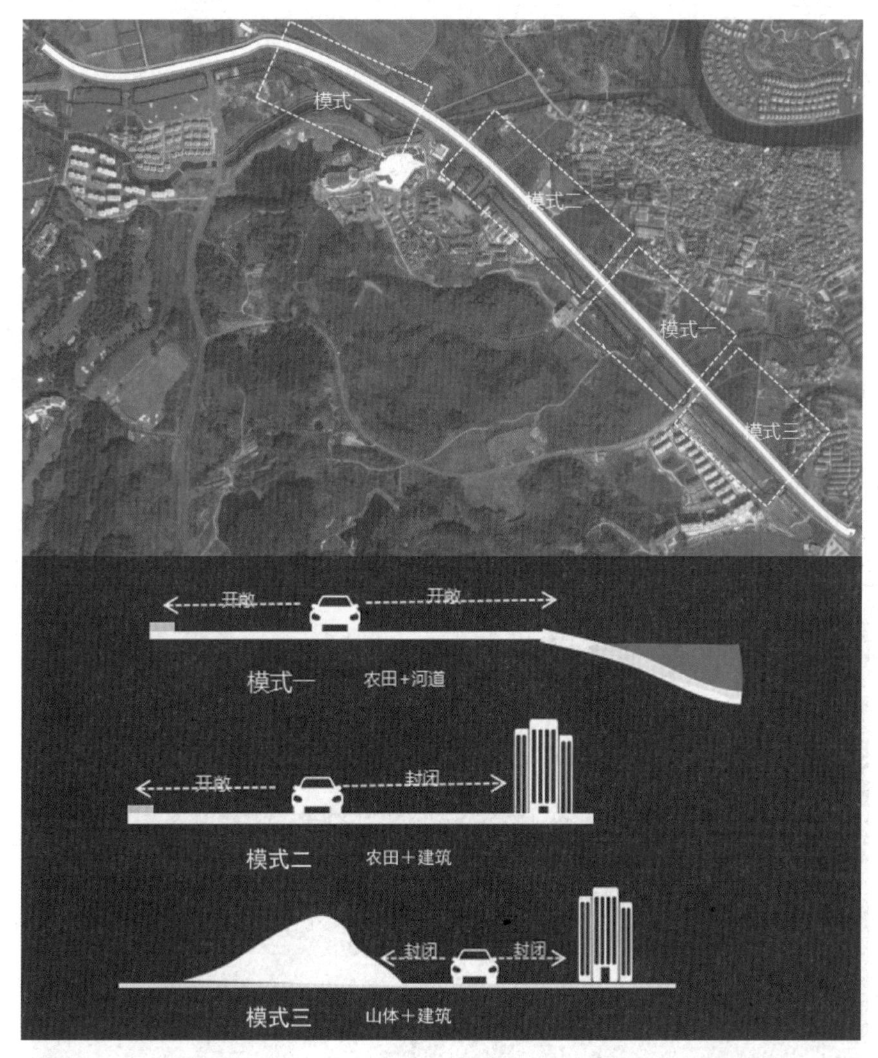

图 3-18 道路环境断面模式

3.4.2 黄山市迎宾大道目前景观存在的问题

3.4.2.1 游步道、节点设置问题

(1) 设计红线内现有游步道系统混乱，整体路线较为破碎，无法形成贯通，缺乏完整的慢行系统。道路多与东侧园区机动车道路相衔接，导致

人车混行，存在一定的安全隐患；有的甚至存在断头路与回头路的现象，游人在其中无法形成有序的流动，没有起到应有的引导作用。

（2）游步道路线没有明确的主题，现有路线形式线性幅度过大，稍显繁琐；沿途没有足够的景观可以欣赏，仅仅满足了局部的使用功能；没有处理好与文化产业园区内文化展示建筑、文化服务建筑以及核心建筑的远近关系，也没有利用好良好的建筑立面，体现不出场地自身的徽州文化特色。

（3）道路节点较少并且设置较为随意。现状道路节点多为小节点，无重要节点，性质上可以说是游步道的扩充，形式上以规整的矩形、圆形为主，硬质铺装面积满足不了活动需求与日常人流集散。后半部分路段尚未设置景观节点。

3.4.2.2 硬质景观问题

（1）硬质铺装形式较为普通单一。现有铺装以碎石、卵石以及小规格的面包砖为主，拼接组合形式较为单调，缺乏设计美感，没有徽州文化气息的流露，从而吸引不了人的视线。整块场地的铺设往往只应用一种铺装形式，无法形成丰富的视觉效果。

（2）硬质铺装缺乏细节。部分铺装边缘处理过于粗糙简单，没有处理好铺装收边，导致周边土壤因雨水冲刷而污染铺装表面。铺装细节上未体现徽州文化，无特色。不同铺装衔接处与铺装转角处过于生硬，不够自然，影响视觉美观（见图3-19）。

图3-19 硬质铺装与植物空间现状

图 3-20　停车场现状

（3）现状停车场景观有待提升。目前在黄山市城市展示馆、黄山市图书馆与徽州糕饼博物馆前都设有停车场，前两处新建不久，整体现状情况良好，美观实用，但是后一处现状情况不佳，停车场与周边环境未形成隔离，停车组织较为混乱，未考虑大型客车的停放问题，大面积的植草透水砖效果不好，黄色与绿色的搭配太过鲜艳俗套，没有融合进产业园的徽州文化氛围中（见图 3-20）。

（4）现存景观构筑物效果不佳，缺少夜间效果。场地内有附属建筑、一些文化景观构筑物，在一定程度上体现了徽州文化，但是仍存在不少问题。有的构筑物造型较为突兀，形式不够美观，与周边环境融合度不高，尤其是中国徽州文化博物馆前的两个相对称的石质小品，无法烘托出建筑物的大气与文化气质。有的构筑物体量过大、过高，周边没有适当景物陪衬，显得过于突出，大体量也遮挡了一部分游人视线。此外还有对夜间灯光的效果考虑不周，夜间可观赏的景观较少（见图 3-21）。

图 3-21　文化景观小品现状

图 3-22 植物空间郁闭

图 3-23 植物种植空白

3.4.2.3 软质景观问题

(1) 道路绿带种植形式与树种选择不合适。黄山市迎宾大道现状中分带采用的是自然种植的形式,较为密集,遮挡了人的视线;侧分带采用的中小乔木间植的种植方式,节奏韵律单调不明显;人行道树种选择普通,体现不出黄山市城市文化特色。

(2) 场地内植物种植设计不合理。植物空间较为单一,部分区域植物种植太过密集,空间较为郁闭。绿化种植未完善,存在植物种植空白的空间,部分区域有较大面积裸露泥土的现象。整体来说,植物种植布局失衡(见图 3-22、23)。

(3) 现状忽略了与周边水体的关系。现状景观与场地东侧人工水渠没有联系,没有利用好周边良好的景观资源,使得水体显得较为突兀。

3.5 黄山市迎宾大道景观设计定位与设计愿景

迎宾大道起于黄山市屯溪国际机场,经过规划打造的文化艺术长廊,止于屯溪五路。随着黄山市知名度的提高,国内外游客数量逐渐增多,文化与休闲旅游产业正在蓬勃发展,不同的受众赋予了迎宾路多样的需求。黄山市政府希望该路段具有徽州文化特色,助推黄山市旅游经济发展并且满足基本的城市交通需求;外来游客希望该路段能够带来令人耳目一新的文化景观体验,留下深刻的旅行印象;附近城市居民希望该路段能够带来一些徽州文化记忆与归属感,提供不同年龄层次人群休闲活动的空间;机动车驾驶员希望在该路段快速行驶的过程中能够感受到有地域特色的文化景观,在保证行驶安全的前提下,文化景观要新颖,不要千篇一律。通过对于黄山市概况、迎宾大道概况分析以及人群需求的解读,黄山市迎宾大道景观设计的定位是一条热烈缤纷、时尚大气、休闲舒适的富有

图 3-24　设计愿景

徽州文化气息的城市门户形象展示大道。设计愿景是“魅力黄山迎展廊”，展黄山魅力，品大美徽州，调道路现状，创艺术形象，旨在挖掘出黄山市深刻的徽州文化特点，并合理开发利用，创造出具有可持续性的道路文化景观，丰富和优化黄山市的空间形态和城市环境，形成鲜明的城市形象与个性，吸引国内外游客(见图 3-24)。

3.6　徽州文化在黄山市迎宾大道景观设计中的应用原则与手法

3.6.1　徽州文化应用原则

3.6.1.1　回应地方特色原则

黄山市迎宾大道道路景观作为一种文化传达媒介，其基础是徽州的文化特色，徽州文化赋予了其独特的魅力与个性。道路景观的设计不是一个重新创造的过程，而是一个基于场地、地方物质与非物质文化资源不断改造的过程。尊重徽州文化特点是回应的前提，这种尊重包括尊重地方自然环境，如地形地貌、气候条件、乡土植物等，也包括尊重地方的人文历史环境与社会制度环境。理解徽州文化特点是回应的基础，理解在于能够根据文化类型的不同进行分类，地域文化元素在每个地方是不同的，如南昌的八一大道突出的就是浓浓的赣都风味、红色文化，苏州的平江路所蕴含的便是江南婉约，所以要做到因地制宜，找到徽州文化的核心主题。挖掘徽州文化特点是回应的关键，徽州文化演替的规律与历史文脉的传承都是蕴含于要素之中的，需要深度挖掘提炼，形成设计符号[56]。将徽州文化集于具体形态是表层，其中的文化内涵才是深层的，这样的文化挖掘能够使道路景观不仅仅从表象与形式上提取徽州文化特征，也能提升景观的层次深度，产生文化共鸣。

3.6.1.2 再现文化原则

徽州文化背景下的道路景观应以徽州文化特色为重，其需要设计元素的铺垫与设计符号的组合，但是道路景观不是简单的拼凑与组合。现代的徽州文化景观并不等同于过去的徽州文化景观，其不是静止不动的而是持续发展的。历史留存的文化景观固然是难能可贵的，但随着社会与时代的发展，道路景观的文化体现也需要结合新的设计元素，如现代设计材料与现代设计形式等，两者结合才能营造出适合于现代社会的徽州文化氛围，形成文化的再现，这也是徽州文化传承的一个过程。香榭丽舍大道就是历史文化与现代时尚的完美结合，结合紧密且自然。只有文化元素叠加的道路景观缺乏成长的基础，难以与当代人的日常生活产生互动，得到社会大众的反馈往往是对过往文化的回忆而不是文化的认同感，要从传统中提取出满足现代生活的空间结构，从中提炼出一种文化形意[57]。徽州文化的再现也需要道路美学的支持，道路景观文化设计要素要相互协调，要保证自由活动的连续空间与动态视觉美感[23]。只有符合现代的审美标准的道路文化景观才能不突兀地融合进城市空间的大环境之中，充分展示城市的形象与个性。

3.6.1.3 以人为本原则

人是道路景观的欣赏者，同时也是文化传播的受讯者。道路景观作为一种视觉传达媒介，是人们日常必须接受的视觉景观，人在其中会自觉与不自觉地受到其影响，前者多会从欣赏景观中获得美的、艺术的、思想文化的、历史文脉的享受；后者无论情愿或不情愿，也大都会在这个线性空间的穿越或者通行中，对景观形态留下一些印象，形成对这一地域的粗略认识。黄山市迎宾大道道路景观最直接的设计理念便是以人为本，注重人的感官与精神的感受，如此便能有助于徽州文化被人们所接受，也关系着对于道路景观的设计评价。良好的文化感受需要人性化的设计，也需要符合美学原则的设计。要考虑到不同运动状态中的人会产生不同的感知体验，来分别满足动态与静态景观的需求。优秀的设计无论是在动态还是静态上都能够引起人的注意，吸引人的活动参与。

3.6.2 徽州文化的应用手法

黄山市有着独特的徽州文化，自然与人文环境等物质条件是可以直观感受的，而徽州文化中社会环境元素存在于文化的精神意识层次，较为抽象。其中徽商精神与新安理学是徽州文化重要的精神支柱，具有一定的文化继承性。在本次黄山市迎宾大道景观提升当中，在一般道路景观的设计手法的基础上，提炼出了徽商精神与新安理学中的主要观念意识，加以借鉴，形成了具有徽州文化精神思想特色的应用手法。

3.6.2.1 徽商精神在应用手法中的融入

徽商群体的成功很大程度上应归功于其勇于突破的创新精神，这也是徽州地区人民代代相传的精神财富，代表了徽州人民积极的思想面貌。黄山市迎宾大道景观提升的设计手法在保留徽州文化特征的基础上也加入了创新元素与思路，打破了之前徽州文化的表现形式，旨在使其更加符合现代需求。具体的应用手法有：

(1) 提取典型元素符号加以变形

符号是对于一个事物外在形象或者内在精神的一种模仿与概括。徽州文化的典型元素符号是经过历史时间筛选的，其往往是徽州文化中的精华象征，是从中抽象出来的，能够瞬间勾起人们对特定徽州文化的回忆与认知。典型符号所表达的信息较于如文字叙述等其他方式也更加生动、全面，其不仅凝聚了文化历史性、地域性的表象特征，也可深入到表面下的精神思想内涵之中。设计符号将会是徽州文化在道路景观中体现的最主要的载体，在黄山市迎宾大道景观设计中能够起到暗示主题、营造氛围、提炼主旨等作用[58]。典型元素符号的使用可以分为以下 3 种：

① 引借：引借是最为常用和直接的方法，就是将徽州文化元素的片段按照现代的审美情趣融入当代的景观设计中，使景观作品能很好地起到与徽州文化沟通交流的作用，同时也能具备良好的视觉感官效果，那些元素片段通常是较为具体的。

② 解构：解构是一种反转和颠倒的方法，旨在将符号分解打散重新组合，主张打破符号的整体性，增加符号的不稳定性与不完整性，其使用的符号形式大多呈现的是分离、缺少与无中心的状态。这种方法给予了徽州文化新的视觉形象和空间语境，但是解构的前提条件是文化符号辨识度较高，使人在感受到创新的同时也能够感受到符号后的文化内涵。解构在景观设计中可用于铺装。

③ 夸张：夸张是一种最能突出事物本质的方法。夸张的目的很明确，就是增强艺术表现形式。在道路景观设计中，夸张的方法主要作用于符号尺度、色彩、材料、形状等要素，旨在将符号进行变形处理，使得符号原先包含的内容与含义得以加强，成为一种新的象征符号，更加容易使人产生认同与共鸣。

(2) 融合现代的适宜性技术

在保留徽州传统技艺文化精髓的前提下，将现代先进的工艺、技术融合其中。这种做法能够推动徽州文化技艺的进步与推广，也能更加容易地设计出符合该地域人们情感、记忆认同和文化、审美需求的道路景观。强调适宜性的技术可以使文化因素与社会因素很好地结合，法国香榭丽舍大道中的道路附属设施的设计就体现了这一点。道路景观设计的最终目的是运用符合地域文化特色的技术，尽可能地利用建造材料，营造能够高效利用的景观。适宜性技术具体的手法包括：地方材料的合理利用，徽州地区有着盛产的地方材料，长期在该地区生活的人会对其有着特殊的记忆与情感，设计者可以在认识了解地方材料属性的基础上，掌握与创新材料应用的新做法，使其既尊重传统徽州文化，又为景观注入新的现代气息；现代材料的应用，取传统徽州文化的形和神，用更加符合现代使用与审美要求的材料替换或者部分替代老材料，更能传达出对于徽州文化的传承与认同。

3.6.2.2 新安理学在应用手法中的融入

新安理学是古代徽州社会的灵魂，崇尚追求天理，天理是自然万物的普遍法则，也是徽州社会的道德法则。新安理学认为“天者，理也”，理是一个抽象的概念，万物中都蕴含着自己的理，自然本性与自然趋势可以抽象为事物存在和变化的道理。这是一种将具体事物与精神相结合的思想过程，事物孕育了精神，精神同时也丰富了事物。在本次黄山市迎宾大道景观提升设计手法上，模拟了这一思想过程，将徽州文化的特色魅力赋予在具体道路景观中，旨在使人们可以通过主观能动性从其中体会到徽州文化的含义。具体采用的手法有：

(1) 景观的隐喻象征

景观隐喻象征即运用景观语言、手段传递表达场地的深层文化寓意，这些语言与手段通常是通过景观小品的具体形态、空间分布以及一些细节处理来表述的，具体一点即颜色形状、绿化配置、铺装设计等景观构成元素。景观的隐喻与象征是一种能够委婉间接表示徽州文化内涵的方法，既有着徽州文化的某些特征，又能与其保持一定的距离。对于隐喻主题的认知取决于场景的提示与观赏者的社会文化水平，因而隐喻在不同的文化场所具有不同的含义，对于隐喻的多义性理解取决于观赏者的经验差异。景观隐喻象征的特点所在就是主题可以是具体的也可以是抽象的，可以是历史的进程、空间肌理或者具体的事件以及隐藏着的价值观、道德观、世界观等，具体地说包括地域地理特征、气候特征、民风民俗、行为方式、历史事件、价值观念等，如美国华盛顿林荫大道景观设计中隐喻的多种不同用法。隐喻的表现手法也是多种多样的，大致可以分为空间结构隐喻、形态造型隐喻、材料肌理隐喻、装饰隐喻和植物配置隐喻[59]。

(2) 尊源重本的思想理念

新安理学在尊重理学的同时也强调着宗法伦理，重视过去的族法族规，这是对于徽州地区特色生活法则的保护与发扬。新安理学的发展也是在保留朱子之学的基础上逐渐形成的。新安理学始终将朱子之学作为学术宗旨，一直在将其发扬光大，维护其纯洁性，强调“求真是之归”，求是重本，以求真正明白朱子之学的真谛。可以说，新安理学的本身与其所提倡的思想观念都十分注重保留与利用发扬，在黄山市迎宾大道景观提升设计手法中，结合了这种保留与发展的理念，主要的应用手法是保护与利用徽州文化景物。

如果道路设计场地中或者周边拥有徽州文化遗物或者富有徽州文化气息的建筑，那便是最直接的文化体现。人们可以找到一种怀旧情绪，产生归属感。徽州文化遗物通常以遗留建筑为主，合理地保护利用能够发挥其最大的文化价值。保护即对其的状态进行维护，使徽州文化景物增强其神韵，展现文化是其在当代社会环境中真正的意义和价值。以徽州文化景物为主题，通过其他设计景观的烘托，形成一种自然的文化氛围，人们在场景提示下，可以更加容易地透过表面看到更深层的内在的徽州文化内涵。

3.7　徽州文化的提取

本次黄山市迎宾大道道路景观提升中，提取了自然、人文以及社会环境元素中具有代表性的徽州文化，既包含了物质文化，又包含了精神文化，旨在全方位地诠释体现徽州文化的独特魅力，营造出富有徽州文化特色的道路景观。提取的自然环境元素有黄山山峰、黄山云海的外表形态特征，黄山松的形态与精神寓意，徽州地区特色植物与乡土树种；提取的人文环境元素有徽派建筑的外观，马头墙形式，徽派建筑“三雕”图案样式，徽派篆刻的形态与手法，徽州戏曲的曲调与人物形态，徽州版画的形式以及徽州茶的外观，徽州茶田地形特点；提取的社会环境元素有徽商的精神特点与新安理学的思想观念。在徽州文化的发展阶段与成因中，也提取出了徽州文化对于教育的重视。根据徽州文化提取元素的自身特点，在设计应用中采用适宜的手法，将其独自或者组合呈现，融入总体构思、策略提升、道路重要节点设计、基础设施设计与植物绿化设计中(表 3-1)。

表 3-1　徽州文化提取

文化元素 提取角度		形态	色调	手法	精神思想	种类	声音
自然环境元素	黄山山峰	√					
	黄山云海	√	√				
	黄山松	√	√		√		
	乡土植物					√	
人文环境元素	建筑外观	√	√				
	马头墙	√					
	三雕艺术	√		√			
	徽派篆刻	√	√	√			
	徽州戏曲	√					√
	徽州版画	√	√	√			
	徽州茶	√					
社会环境元素	徽商精神				√		
	新安理学				√		

3.8　徽州文化在总体构思中的体现

3.8.1　徽州文化在总体设计色彩中的体现

徽州文化有着属于自己的独特色彩体系,其能够代表徽州文化的历史气质与群众喜好,融合到迎宾路的景观设计中能够产生潜移默化的文化认同感与亲切感。本次设计中,将徽州文化中具有典型意义与被广大群众普遍认知的元素筛选了出来,提取出它们的代表性色彩,并进行了归类。

所选出的徽州文化元素以人文元素为主,选取了徽派建筑、徽州篆刻、徽州版画,在自然元素上选取了黄山云海与黄山松。人文元素中,徽派建筑的主要色彩来源是其白墙、青瓦和黑墙边,徽派古建筑由于长时间的日照雨淋,墙面的白色慢慢变为斑驳的灰白色,也成就了徽派建筑独特的色彩韵味。从中可以提取出的色彩为黑色、白色、青色与灰白色。徽州篆刻本身是没有突出的色彩的,但是刻章加以印泥印于纸上便是朱红色,红白两色对比鲜明,徽州篆刻的文化艺术魅力即蕴于这两色之中,所以从中提取出的色彩是红色与白色。徽州版画自身呈现木质的暗黄色,印出

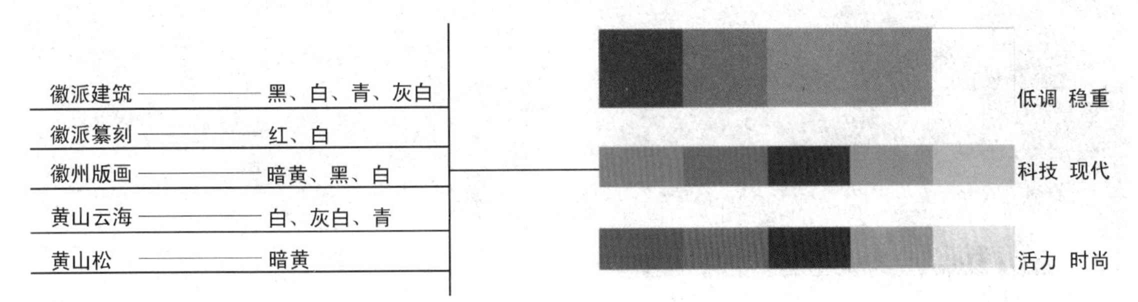

图 3-25 色彩提取

的效果多为白底黑样，可以提取的色彩为暗黄色、黑色与白色。

自然文化元素中，黄山云海源于白色雾气，颜色随天时而变，天阴时呈现白、灰白，天晴时呈现淡青色，元素代表色彩便是白色、灰白色和淡青色。黄山松奇美于树干与树形，苍劲古朴，可以提取的色彩为暗绿色。

通过对以上徽州文化色彩的分析提取，可以得出徽州文化的主要色彩有白色、灰白色、暗黄色、青色与红色，以冷色调为主，前三者色调素雅，后两者较为鲜艳显眼。在黄山市现代生活中，这些色彩仍然具有引领现代景观文化的意义，前三色体现了文化的深厚与沉稳，青色代表了科技与现代，红色则体现了时尚与活力。根据色彩的属性特点，在迎宾路道路景观中，白色、灰白色、暗黄色可以作为主要基底色，大面积的使用，成为固定色彩，红色与青色可以作为突出色，起到点缀的作用，充当临时色彩(见图 3-25)。

3.8.2 徽州文化在总体构图中的体现

场地设计的总体构图呈线性，旨在体现徽州的自然之趣。黄山云海作为徽州地区的重要奇景，是黄山的第一奇观，也是徽州自然景观的代表之一，具有极高的美学价值。整体构图设计参考了黄山云海，提炼出了黄山云海的飘渺、变幻莫测，黄山云海的具体形式是不确定的，不易捕捉，但是可以取其景观之神，抓住动态时云雾蜿蜒扶摇的主要特点，在构图线条上多用曲折变化的曲线，对黄山云海的线性特征进行了较为抽象的模仿与类比，并且加以适当的夸张。在把握确定场地空间功能的基础前提下，遵循构图规律与美学审美进行线条勾勒，协调了线条因素之间的关系，如同在场地中用笔作画，强调一气呵成、行云流水。实际应用中，这种构图曲线的延续可以通过植物种植线与硬质铺装线来共同表达，线条收拢处为单一种植形式或者硬质游道，线条开合处为植物群落或者硬质广场，变化多样(见图 3-26)。

3.8.3 徽州文化在总体景观序列构思中的体现

黄山市迎宾大道景观提升总体景观序列构思中，根据场地内周边用地性质以及现状场地内主要建筑物与主要出入口，总体构思上将全长

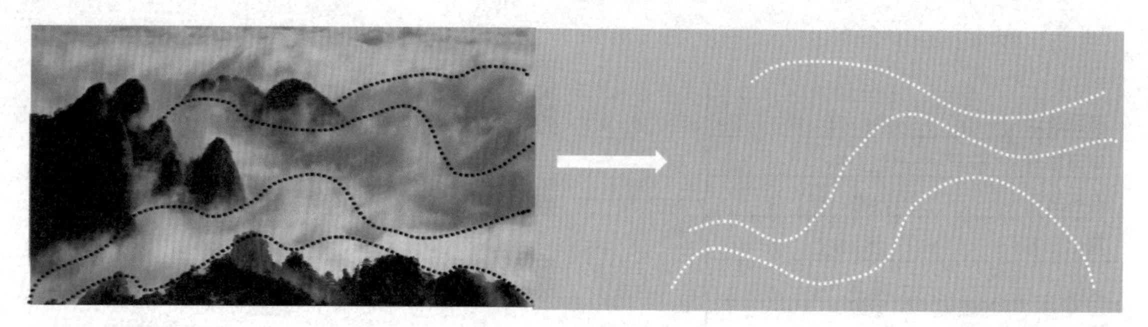

图 3-26　线条提取

3.5 km 的黄山市迎宾大道分为 3 段，依据各自场地条件，从不同的方面回应与再现了徽州文化，各有自己的徽州文化主题——“精彩”“精妙”“精致”，三个主题文化逐层向前推进，由表及里，引导人们走完徽州文化的漫长岁月。“精彩”路段作为景观序列的前导，旨在先声夺人；“精妙”路段为黄山市迎宾大道景观的高潮部分，旨在突出徽州文化的特色魅力；“精致”路段是道路景观序列的结尾，旨在展现徽州文化中的精神，产生令人回味思考的景观空间环境（见图 3-27）。

3.8.3.1　前导——“精彩”路段

第一段的主题是“精彩”，范围为屯溪国际机场至黄山市城市展示馆，区域特点是机场进入市区最先见到的重要门户路段，景观要求是要做到先声夺人，突出黄山市徽州文化个性，形成热烈、大气、时尚的迎宾氛围，给游客留下深刻的印象。考虑到以上条件，再加上人们对于文化的认知往往是从最表面开始的，要凸显出主题“精彩”中的“彩”字，该路段要重点体现徽州文化中最为直观，最具有视觉吸引力的文化元素，要奠定主要的徽州文化基调。徽州文化中最具感官刺激的文化元素便是徽州地区鬼斧神工的自然风光，徽州山水恢宏大气，孕育出了徽州文化，是徽州文化的重要源头，也是黄山这座城市当前最具有知名度的旅游资源。精彩纷呈来自自然肌理，“彩”在徽州大好风光（见图 3-28）。

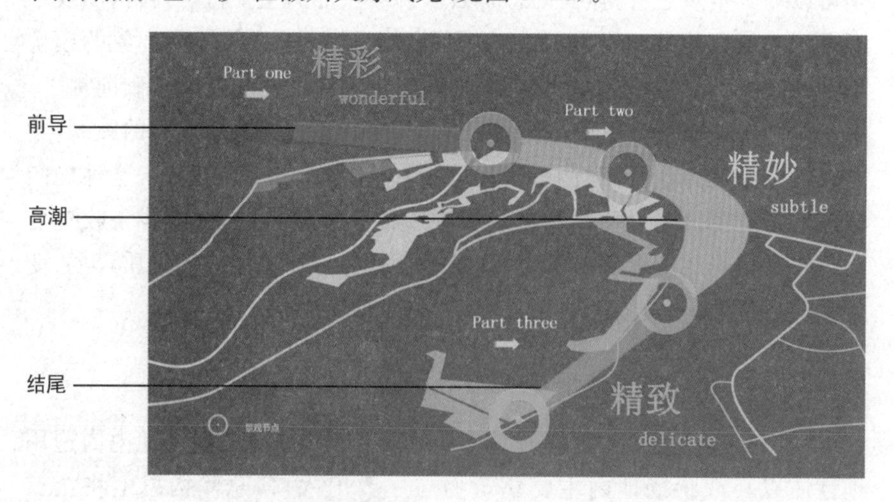

图 3-27　景观序列

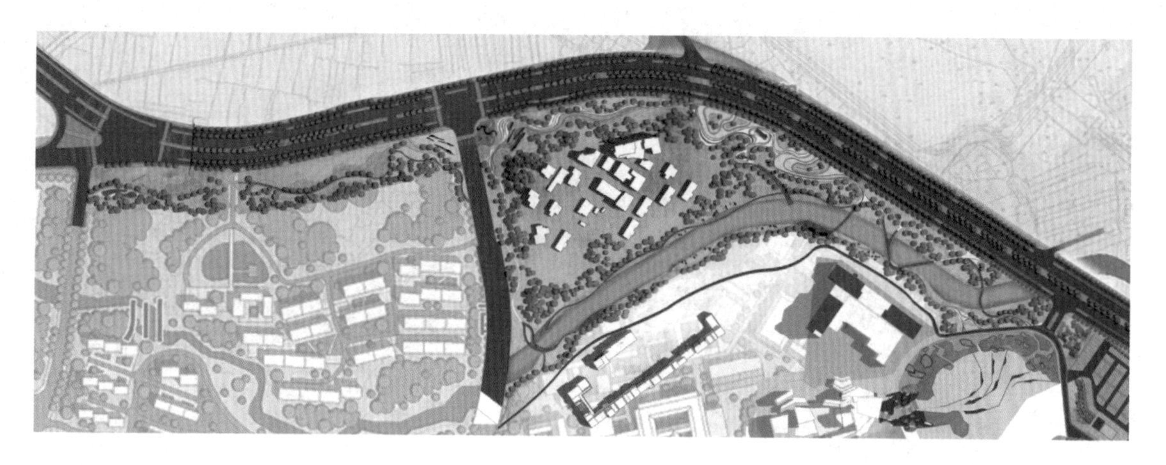

图 3-28 “精彩”主题路段平面图

3.8.3.2 高潮——“精妙”路段

第二段的主题是“精妙”，范围为黄山市城市展示馆至黄山市城市数据中心，区域特点是紧靠现已建成的现代产业园区，园区内现存文化建筑较多，整体效果大气美观，景观要求是营造出疏朗现代的徽州文化景观空间，与周围建筑环境相融合，形成丰富的文化景观氛围。通过首段徽州自然风景的过渡引入，该路段的主题“精妙”主要凸显的是徽州文化中巧妙灿烂的人文元素以及合理巧妙提升文化景观的设计思路，旨在借助园区内已有的景观基础，将徽州文化数百年间的人文精髓向人们娓娓道来，将是徽州文化最为典型与具象的体现。徽州文化中的人文气息是其文化美的重要原因，也是目前阶段黄山市所极力推崇的区域历史文化中最为重要的一环。精妙绝伦来自人文产物的提炼，“妙”在徽州大美人文(见图 3-29)。

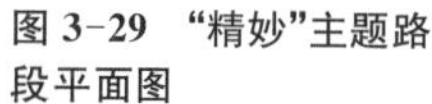

图 3-29 “精妙”主题路段平面图

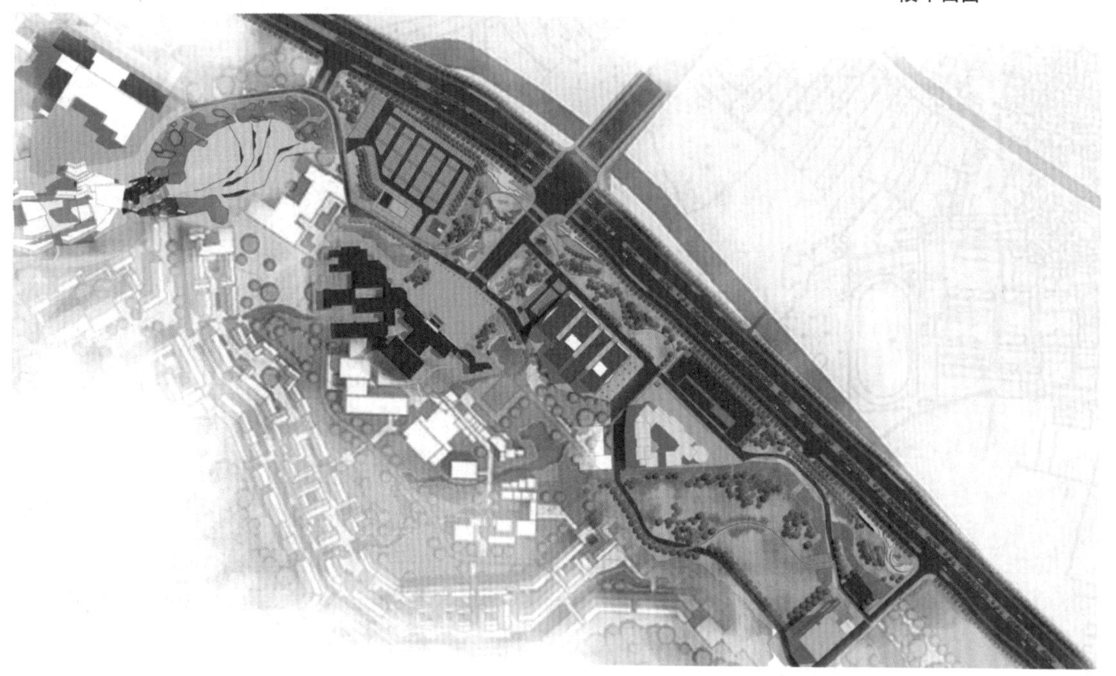

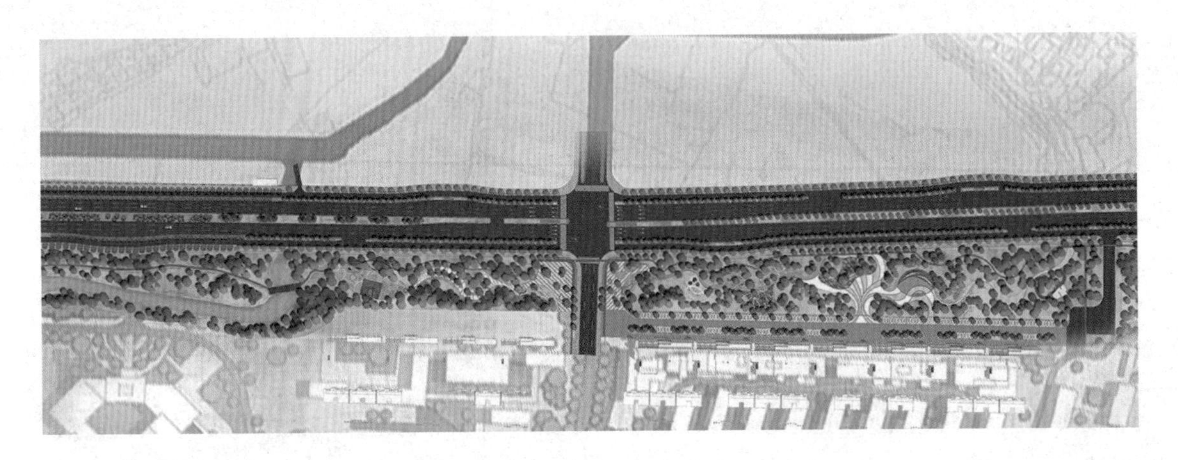

图 3-30 “精致”主题路段平面图

3.8.3.3 结尾——“精致”路段

第三段的主题是“精致”，范围为黄山市城市数据中心至黄山市市区屯溪五路，区域特点是设计路段的结尾段，靠近市区，周边未来规划为居住区，生活气息较为浓郁，景观要求是考虑到周围人群的活动需求，在营造安全舒适活动空间的同时注入徽州文化设计元素，将生活与徽州文化相联系。相较于前两段体现的徽州文化，第三段所要凸显的徽州文化透过了具体表象，所要体现的是徽州社会各阶层群众的精神，即社会环境元素。这是更深层的次徽州文化，也是古徽州人们生活的智慧与准则，指引着徽州文化的发展方向，徽州的社会精神文化是徽州文化的最高升华，其中的精神思想在现代社会生活中同样具有巨大的价值。精致生活来自于古徽州文化精神与现代社会的糅合，体现了徽州至深精神(见图 3-30)。

3.9 徽州文化在提升策略中的体现

3.9.1 徽州文化在路线提升中的体现

针对黄山市迎宾路东侧场地现状游路出现的问题，本次景观提升设计结合了不同的交通行为，本着以人为本的设计原则，划分出不同的道路交通空间。并且集合了场地自身特点与徽州文化的徽商精神，适当地布置了贯穿场地的慢行系统。较于现状路线单一，破碎混乱，整体上构思旨在保证路线流畅舒适，并且具有符合现代审美的线性美感，以求实现人车分流，避免隐存的交通安全问题，引导人群根据自身活动需求进行有序的流动，舒适自在地游览道路文化景观。在慢行道的设计上给予其徽州文化寓意，弥补了现状没有明确主题的缺失，全面考虑与园区内现存文化建筑的联系，借助周边山体与人工水渠景观，在满足良好实用功能的同时，充分展现了徽州文化的风采。

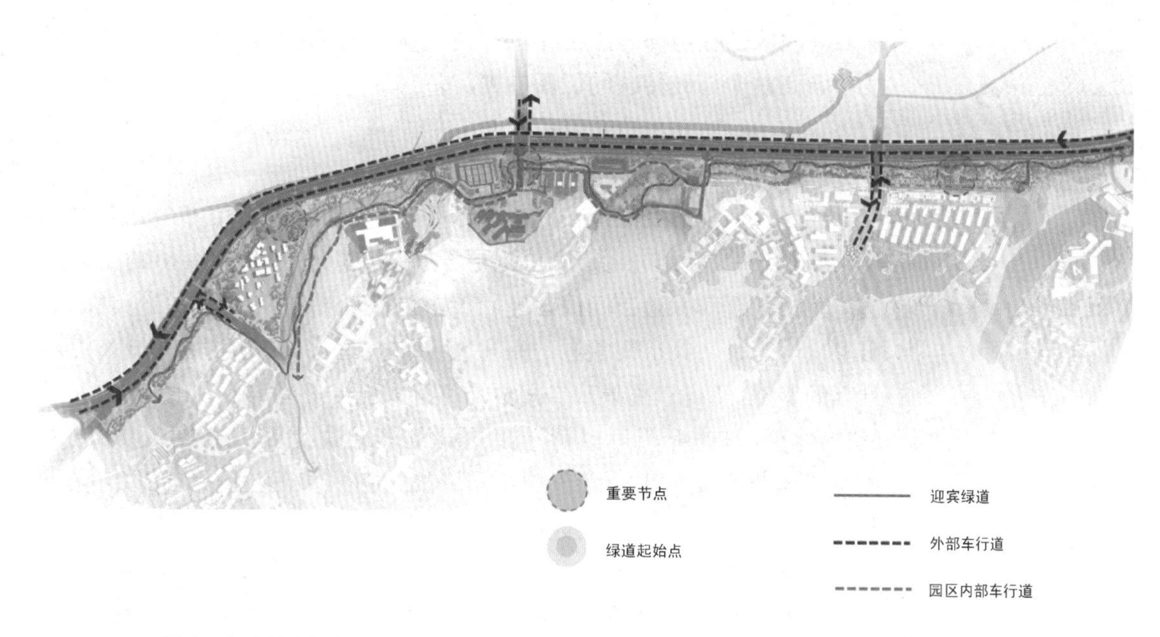

图 3-31 慢行道提升布局

3.9.1.1 慢行道选线思路

慢行道选线上，第一段积极与东侧人工水渠形成沟通交流，选线依水而成。打造出一段滨水慢行道，响应第一段徽州自然风光的“精彩”主题。水流自东向西源源流淌，与迎宾路的方向一致，隐喻和象征着徽州文化的源远流长，徽州地区的自然环境是徽州文化最初的起点。

第二段巧妙利用了园区内的文化建筑立面，考虑到建筑的功能性质，选线上拉近了慢行道与立面效果最佳的园区核心建筑实用性较强的黄山市城市数据中心的距离，拉远了与在环境氛围上需要安静的黄山市图书馆的距离，文化展示性建筑保证处于远近适中的距离，既能烘托徽州文化氛围，又不显得喧宾夺主。

第三段慢行道主要布置于较为遮蔽的植物空间当中，形成了安静的环境氛围，提供了看书、闲聊、漫步的空间，加上周边徽州文化小品的渲染，旨在引导人们静下心来感受汲取古徽州文化中的精神魅力，构建健康的生活方式(见图 3-31)。

3.9.1.2 慢行道形式寓意

慢行道的徽州文化寓意上，多采用隐喻，突出的是徽商的性格特征与思想精神，以求唤起人们对于徽商这个集体的文化记忆。贯穿整个场地的慢行道临水而又依山，全长约为 4 km，象征着徽商走南闯北的漫漫经商之路，体现了徽商吃苦耐劳的进取精神。整条慢行道连接了第一段自然风光的精彩，第二段人文产物的精妙和第三段精神思想的精致，象征徽商贾而好儒，重视文化的性格特点，肯定了徽商推动徽州文化中自然、人文、社会元素的全面繁荣发展的贡献价值。另外，慢行道在设计上一改之前多与园区已建内部道路衔接共用的状况，另辟路径，与其并向而行，象征着徽商敢于打破传统的创新精神。

3.9.2 徽州文化在照明系统提升中的体现

针对现状中景观缺乏夜间效果的问题，再加上黄山市如今强调景观亮化的市政思路，结合两者，在本次照明系统提升中，主要突出的是徽州文化元素在迎宾大道夜间的表达，旨在将具有徽州文化意义的景观凸显出来。灯光是渲染空间氛围的一种重要的表达方式，能够增加城市道路景观的美感，使得道路景观空间更加符合人们的心理与生理的需求。

良好的灯光照明可以营造出更好的徽州文化景观氛围，也便于人们对于徽州文化产生心理上的认同。根据迎宾大道三段不同的文化主题，照明系统追求的氛围也各不相同。策略意图上，第一段的灯光主题氛围为欢快热烈，以求激起人们的感官感受，代表着黄山的热情和徽州文化的波澜壮阔；第二段的灯光主题氛围为温暖明净，想要人们渐渐平缓下来，在其中慢慢体会徽州大美人文；第三段的灯光主题氛围为静谧柔和，旨在引导人们进入生活空间，静心感受深层次的徽州文化精神思想(见图 3-32)。

总的照明提升策略主要分为两个方面：新增照明亮化点与点亮现存优良景观。新增照明亮化点是指在迎宾大道设计中，一是布置富有徽州文化气息的灯饰灯具，整体上均衡分布于全场地，打造好照明色调的基地，营造基调文化氛围；二是使新设置的体现徽州文化的景观小品、铺装发光，成为文化特色照明景观，担任丰富场地的作用，点明重要景观节点，焕发出不同于白昼的文化体验。另外在迎宾大道中分带上，在不影响安全行车的前提下，加入符合现代与徽州文化气质的亮体景观，在车行视角给予特色化的景观体验。

图 3-32 照明提升策略

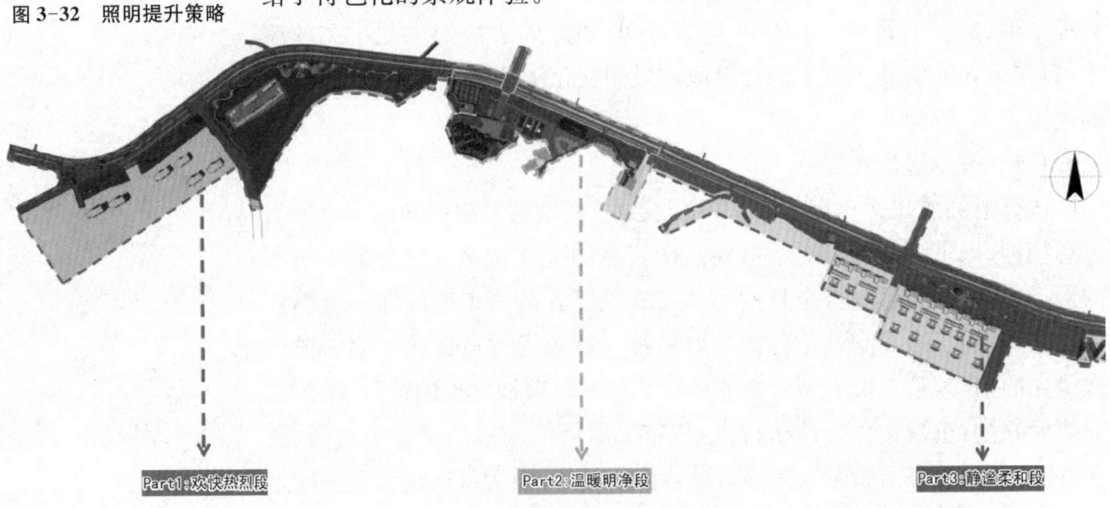

点亮现存优良景观是指充分发挥园区内现存徽州文化建筑的立面美，利用场地内的徽州文化景观，对特色建筑进行亮化，重点突出夜间文化建筑的独特魅力，使得建筑的立面轮廓凸显，便于增强其徽州文化韵味。另外，为了增加建筑亮化的层次感，在设计提升中，园区核心建筑亮度最大，文化展示建筑亮度次之，文化服务建筑亮度再次，通过亮化区分强调核心建筑立面。

3.9.3 徽州文化在植物绿化提升中的体现

对于现状中树种选择普通，没有文化体现的问题，树种选择策略上应多采用徽州地区的符合条件的乡土树种作为基调树种，不仅能够尽快适应当地的立地条件，也能够在短时间内达到良好的文化景观效果，如将行道树树种改为富有黄山特色的黄山栾树。在特定位置上也应选择富有城市文化寓意的植物来形成骨干。对于现状中植物种植空间不合理的情况，植物种植策略上提出增加、减少、均衡与营造的方法。增加，即在保留的基础上增加植物，丰富植物空间，区分植物种植疏密，突出骨干树种与植物；减少，即减少郁闭繁杂的植物，留出硬质场地的文化景观空间；均衡，即均衡植物种植布局，平衡种植比重，速生树与慢生树合理平衡，均衡季相植物，既能产生良好的景观效果，又能保持生态平衡状态；营造，即利用场地现有植物，因地制宜，营造出多样化立体植物群落，形成丰富多彩的植物空间，营造多样并且连续的视觉景观，构成具有徽州文化气息的植物空间意境（见图 3-33）。

对于现状中中分带种植效果不理想的问题，提升策略中对迎宾大道前半段进行了优化，后半段基本保留，以求形成两种不同节奏韵律的形式。迎宾大道前半段有着较好的徽州文化景观展示面和造型美观的文化建筑，为了衬托它们，中分带策略上将减少层次，适当去除上层乔木，加以花境修饰，将人们的观赏重心引导到道路侧旁的文化景观上（见图 3-34、35）。

3.9.4 徽州文化在视线提升中的体现

在整体上根据现状道路的断面模式和文化主题要求，将迎宾大道分为 3 种视线形式，分别对应道路的三段总体空间布局。第一段“精彩”主题段视线呈现开敞式，意图展现黄山市大气简洁的城市形象以及徽州文化的美丽壮观。第二段“精妙”主题段呈现通透式，有节奏地敞开视线，展现文化建筑立面外观。第三段“精致”主题段呈现封闭式，屏蔽掉一些不佳的景观面，烘托生活氛围（见图 3-36）。

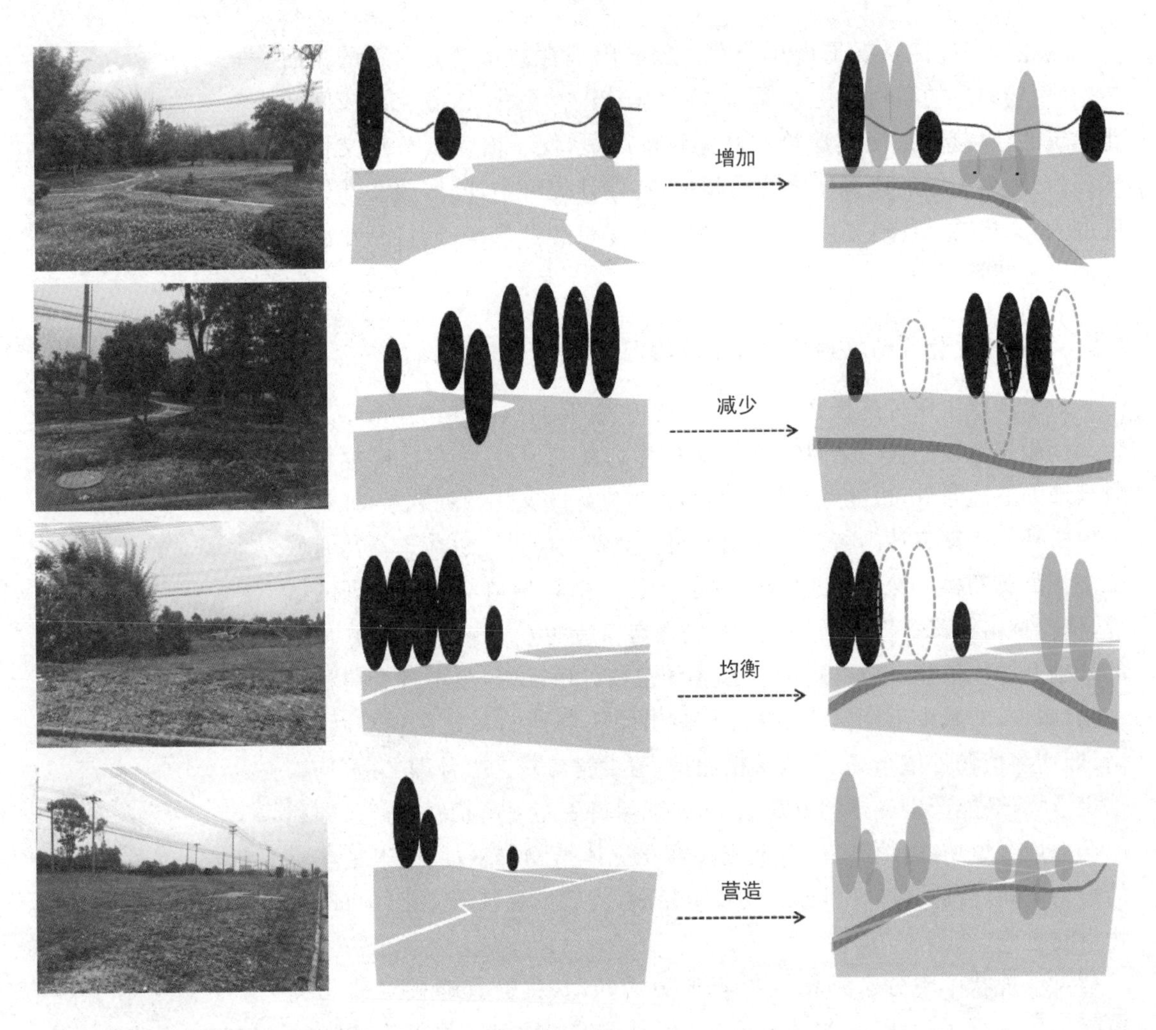

图 3-33 绿化提升策略

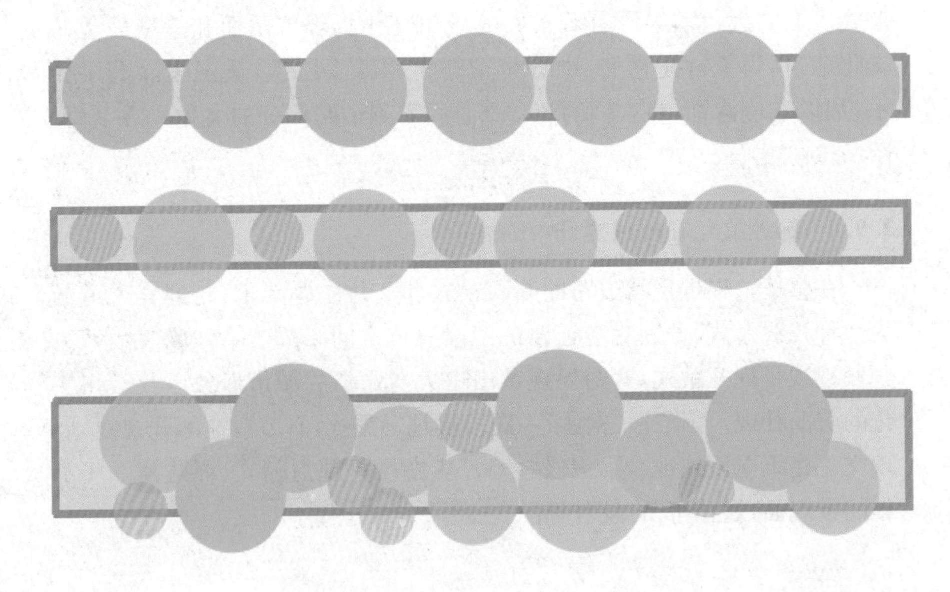

图 3-34 中分带现状

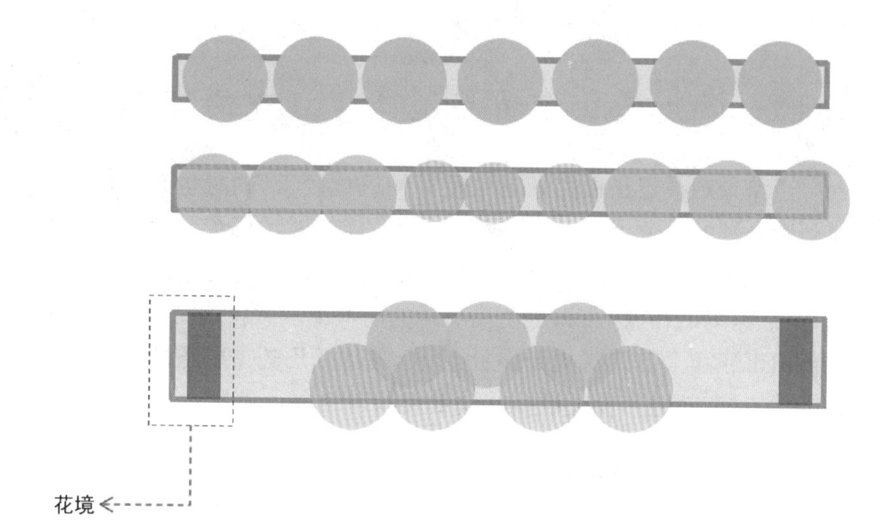

图 3-35 中分带提升后

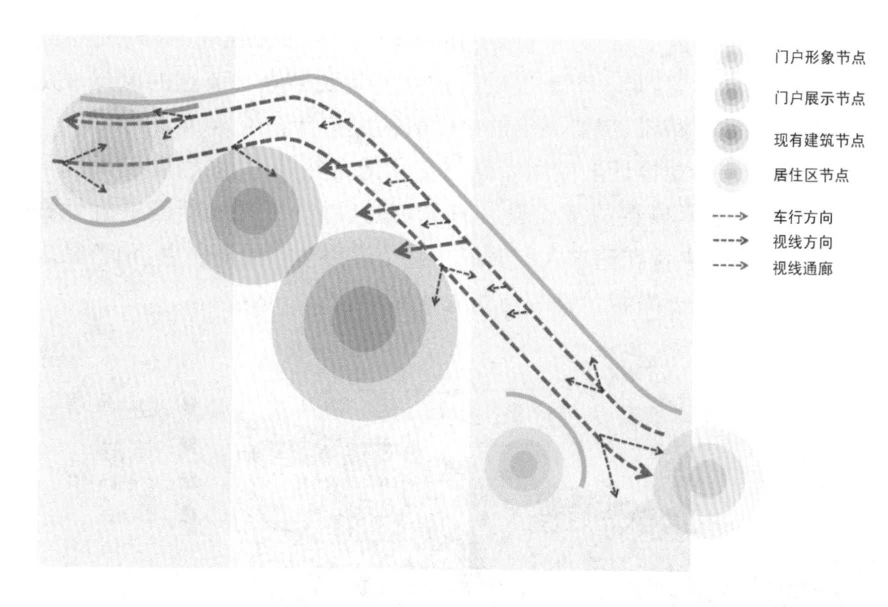

图 3-36 视线提升策略

为了体现以人为本的设计原则，将徽州的文化讯息最大限度地传达给观赏者，在视线提升策略中，充分考虑了行人与车辆驾驶者的视觉特性，科学设置徽州文化景观节点与特色小品，形成良好的静态与动态景观。行人的移动速度大约为 5 km/h，迎宾大道的最高车行速度为 60 km/h，人的视觉上对于物体产生影响记忆的时间在 3 s 到 5 s 之间，想要人们充分认知徽州的文化魅力，对于行人来说，徽州文化景观相隔变化的适宜距离为 4.2～13.3 m，在这个距离区间可以设置尺度小，细节丰富，具有文化特色的景观小品或者城市家具。对于车辆驾驶者而言，合适的距离为 80～160 m，在此区间可以布置体量尺度较大，较为注重整体形状的文化小品或者道路文化节点。这样既符合城市道路美学，又能够吸引人们进入徽州文化景观的环境中去。

3.10 徽州文化在重要道路节点中的体现

道路景观节点是道路景观中重要的组成要素，同时也是每段子景观序列中高潮的部分，是黄山市徽州文化最佳的展示舞台。设置某些具体的徽州文化景观单体或者群体，能够给人们带来视觉与心理上的审美冲击，留下深刻的印象，在满足使用功能的前提下承载特色文化记忆。在本次黄山市迎宾大道景观提升设计当中，通过对几处重要道路节点的景观氛围营造，有效地完成了徽州文化景观的表达。

3.10.1 节点一："云山徽景"

该节点位于迎宾大道第一段"精彩"部分，是屯溪国际机场进入迎宾大道的第一个道路节点，起着重要的形象作用。此处视野开阔，也是道路中的视觉焦点位置，是一个重要的开放空间景观节点。节点的徽州文化主题顺应"精彩"路段，想要突出的是徽州的大美自然风光（见图 3-37）。

该节点在景观设计上应用了徽州文化的自然环境元素：黄山山峰与黄山云海，提取了典型的文化设计符号，并且融合了现代新的适宜性技术，整体景观效果旨在追求大气时尚。整个道路节点主要包含：山形景观小品、喷泉景观、云海特色铺装与景观地形（见图 3-38）。

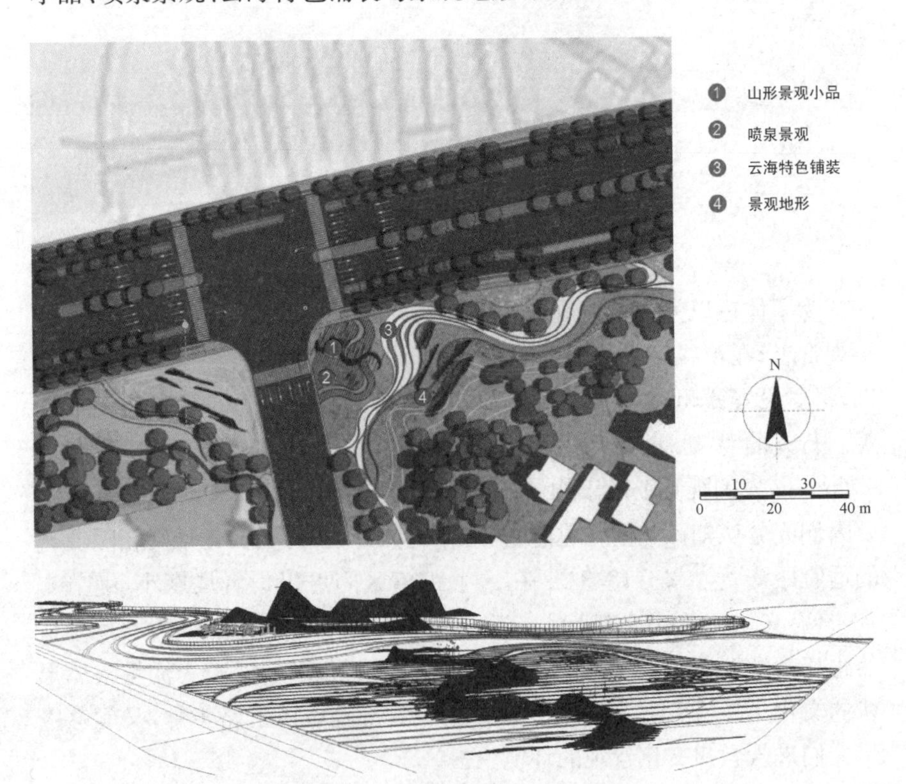

图 3-37 "云山徽景"节点平面图

图 3-38 山形景观小品造型

节点一"云山徽景"中首先映入眼帘的便是山形景观小品，作为整个道路节点的主景，山形景观小品提取了徽州区域内黄山奇峰林立的外形轮廓，并且较为直接地引借到景观设计中，使得小品既有着连绵起伏的山势，又有着挺拔耸立的山形，高低错落的山峰相互组合，直观地模拟了自然地形特点。主景构造上采用了块块片石层层竖立的形式，仿佛在空间立面上画出了山峰的重重剪影，具有丰富的景观层次感。虽然较于真实山峰尺度减小，但是其中的壮观雄伟仍很好地体现了出来。颜色选择上为了加重主景的冲击力，采用了浓厚的黑色，使得山形小品具有视觉上的重量感，也符合徽州文化的主色调。山形小品模拟的是山峰的近景，而后方的景观地形就担任了模仿山峰远景的职能，地形如远山高低起伏，绿色的色调突出了山形小品的黑色，从形式以及色彩上都衬托出了文化主景小品，并且也丰富了场地地势的变化。山形景观小品体现出道路节点中徽州自然风光的文化元素，旨在吸引观赏者的视线与兴趣，将人们带入道路节点的环境空间中。

云海特色铺装与喷泉景观主要起到衬托道路节点主景的作用，使得节点空间不显得单调，增添了生机与动态的活力，其体现的徽州文化元素是黄山云海奇景。特色铺装提取了黄山云海的线性特征，利用其形式的神韵加以适当夸张，一改现状中铺装形式的呆板与单调，赋予了铺装流动感与形式美，表现出黄山云海风平浪静时的特点。与特色铺装的静态文化体现不同，节点内的喷泉景观表达了黄山云海起风时的飘渺动态美，喷射而出的水雾犹如云雾上下涌动，给节点增添了活力，也能够吸引人们的注意。另外，为了体现出黄山云海如海的特点，喷泉上方设置了形似游鱼的小品，在云海中翻腾游动，别具一番趣味。黄山云海的奇美不仅仅在于自身特色，与黄山山峰相结合才能发挥出动静对比统一的美感，在节点设计中也参考了这一点，将山形小品与特色铺装、喷泉景观相组织，这种动静交互转换使得山更像山，海更如海，极大地丰富了徽州自然景观的神采，增添了徽州文化诱人的魅力(见图 3-39)。

图 3-39 "云山徽景"节点鸟瞰效果图

图 3-40 "云山徽景"节点夜间照明效果图

为了增加节点的夜晚效果,打造出热闹绚丽的徽州文化氛围,节点设计加入了各式灯光的效果。在主景山形小品上,沿其形状轮廓设置了条形灯带,灯光色彩选取柔和的暗黄色,意在模拟黄昏时刻黄山山峰与云海为残阳照耀时的情景。特色铺装的铺装线与喷泉底部也设置了白色的点光源,自下而上地照射出了黄山云海的景观气氛,其间游动的景观鱼群也会散发蓝光,几者之间构成了绚丽多彩的徽州文化景观空间,丰富了道路节点景观的形式(见图 3-40)。

3.10.2 节点二:"人文徽色"

该节点位于迎宾大道第二段"精妙"部分,靠近产业园的主入口,是园区内核心建筑中国徽州文化博物馆重要的轴线景观,也是一个通透空间道路景观节点,担任着营造产业园区徽州人文文化氛围的职能,节点徽州文化主要体现的是徽州的人文产物魅力。该节点运用的人文环境元素有徽派建筑、徽州茶文化与徽州篆刻,提取了文化设计符号,运用了较为抽象的表现形式,暗示徽州文化人文特色,积极调动人们对于节点景观的联想,并且针对现状中留存文化景观小品效果不佳的问题设计提升,在保留基础的前提下去除了体量过大的小品,力求与周边环境的融合。节点内主要包括的景观有弧形小品、方形漏字小品、雕刻小品、马头墙特色铺装、茶文化特色铺装与茶田台地(见图 3-41)。

"人文徽色"道路节点场地地形较为平整,节点景观设计中,在结合周边产业园文化建筑的基础上,布置了各式体现徽州典型人文特征的景观小品,以形成序列式的文化景观展示,构成不同的景观环境空间,旨在展现徽州人文文化的灿烂多彩。其中对称位于两侧的弧形小品是"人文徽色"节点的主景,该小品是保留改造的,原先体现的是徽派建筑中的石雕,在弧形石壁上浮雕了花草祥云,有着很好的徽州文化传达效果,但是形式

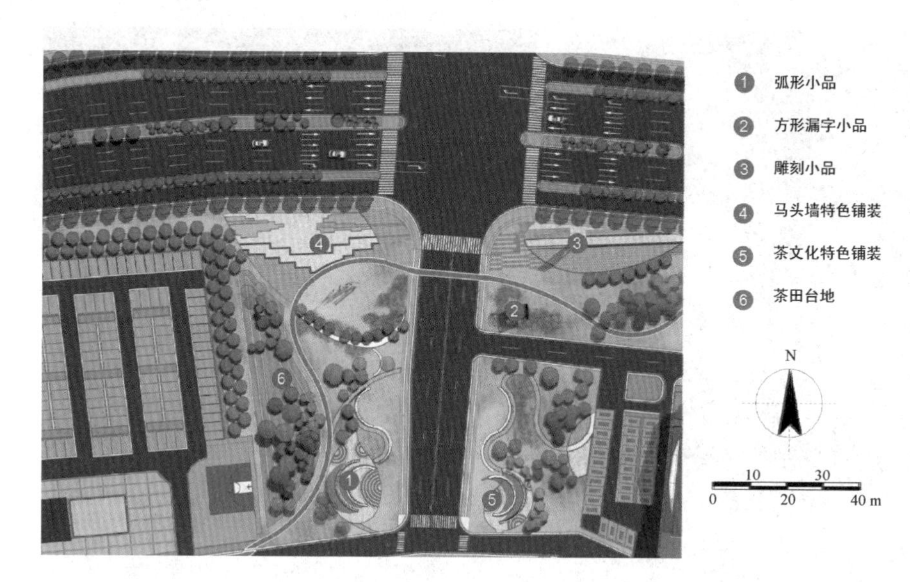

图 3-41 “人文徽色”节点平面图

上长度不够，在轴线上不能烘托出场地的特点。于是在改造中将材质与文化主题沿用，小品长度加以延续，从高到低增加了形式的变化，使得主入口轴线上的原本散开的视线变得聚合，更加突出了轴线尽端的中国徽州文化博物馆，并且能够更加适宜地融入整体的道路节点景观空间，不显得突兀(见图 3-42、43)。

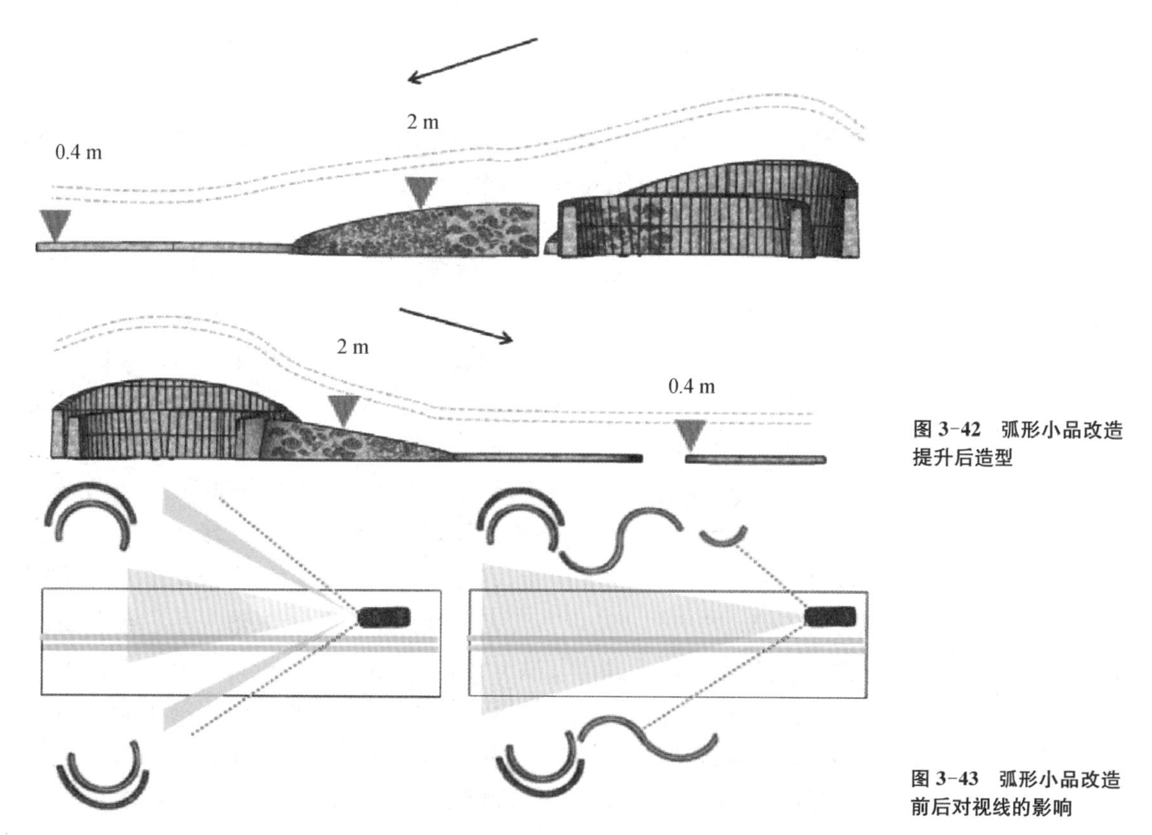

图 3-42 弧形小品改造提升后造型

图 3-43 弧形小品改造前后对视线的影响

图 3-44 “人文徽色”节点傍晚效果图

“人文徽色”道路节点中将相似的徽州文化元素进行了分类与组合，把徽派建筑中的“三雕”以及徽派篆刻相归类，形成了文化的类比，使得文化景观环境空间能够相互映衬，突出了道路节点的景观主题。这种文化体现以景观小品为主体，旨在营造氛围。在新增的徽州文化景观小品中，方形漏字小品的灵感来源于徽州篆刻艺术，将文字的美感篆刻在了6面之上，字体选用了现代生活常用的黑体与隶书，“壶中山水”“徽州文化”“传承延续”“黄山印象”的字样内容用中英文篆刻表达，体现了徽州文化的兼容与黄山市的国际化，钢材质的选用也融入了现代气息。整体寓意着徽州文化在如今社会，仍能在吸收外来文化中得到良好的传承与延续。与之相仿，另一处雕刻小品也有着同样的设计构思。该小品是用一个个构成单体拼接组合而成的，构成单体提出了徽派建筑中的木雕艺术，选用了木雕的花纹样式并进行了适当的改造简化，在保留原先花纹特征的基础上，将线条变为了几何直线。构成单体材料也选择了富有产业园现代气息的钢板。小品的整体取形来源于“山”字，点明了徽州文化的集大成者黄山市(见图 3-44)。

硬质广场的铺装较于现状，更加注重铺装的特色与细节，铺装边缘都用黑色碎石收边，形式也变得生动多彩。节点集散主广场的铺装采用了徽派建筑中马头墙的文化元素，提取出了马头墙阶梯高低错落的外观形式，黑色带状花岗岩逐阶曲折代表了徽派建筑黑色的山墙边，白色花岗岩与灰白色透水混凝土象征着徽派建筑的立面墙体，较为抽象地引借了马头墙的文化特色。为了丰富整体铺装的形式，还将草地以马头墙的形状内嵌其中，使得铺装活泼富有变化。另外两处对称的硬质广场形式上提取了徽州茶的外形特征，设计为叶状，其中的铺装圈圈如同水纹，色彩上

图 3-45 “人文徽色”节点白天效果图

为了追求统一，仍采用了灰、黑二色，模拟的是茶叶入水后在茶具中荡起的涟漪，这是对于饮徽州茶行为的一种联想，构成茶在水中，水也在茶中的情形，旨在增加文化趣味。对于徽州茶文化更为直接的体现是节点左侧的景观地形，其提取了茶田层层而上的地势特点，地形逐渐抬高，并以白色石阶包裹边缘，其上种植植物群落，提供了休憩的空间，既满足了人们的活动需求，又营造出茶田般生机盎然的氛围（见图 3-45）。

为了满足夜间的徽州文化景观效果，道路节点以柔和的周边建筑和景观小品亮化为主，点缀以景观灯与草坪灯，整体灯光氛围温暖舒适。建筑亮化主要体现在中国徽州文化博物馆上，运用条形光带凸显出建筑的徽派建筑风格，加强了其马头墙的设计形式，并在其建筑的立面墙壁上用灯光投射出描绘徽州山水的画作，形成了特色照明景观。景观小品方面，方形漏字小品在顶部设置了淡青色的点光源，将每个面上的字投射到地面上，使得小品的文化寓意再次加强。雕刻小品将每个构成单体都设计为微小的光源点，构思来源于灯笼，每个单体的细节特色都可以很好地在夜晚中展现出来，整体形状用地灯进行投照凸显，充分考虑了照明的总体和细节。另外，为了体现产业园的现代生机，在节点中还加入了发亮的玻璃柱小品来作为产业园主入口标志（见图 3-46）。

图 3-46 “人文徽色”节点夜间效果图

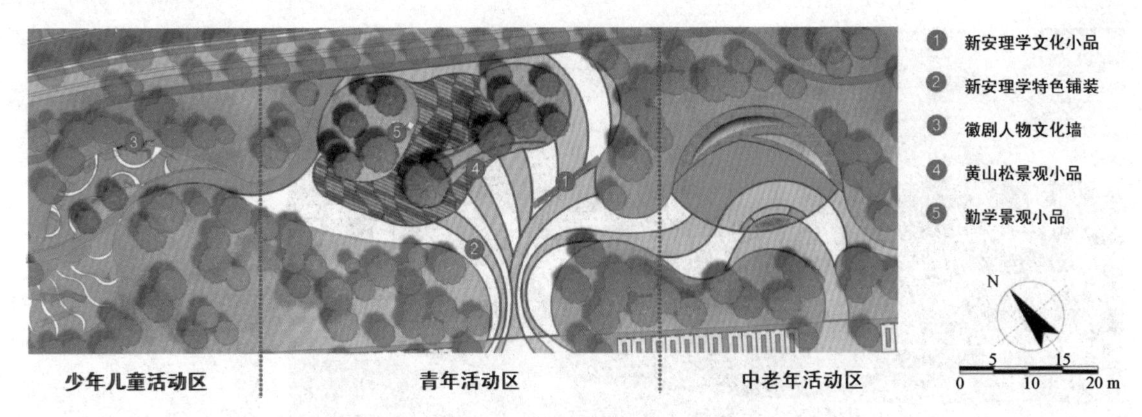

图 3-47 “百年徽思”节点平面图

3.10.3 节点三:“百年徽思”

该节点位于迎宾大道第三段“精致”部分,靠近居民区的主入口,整体空间较为封闭,主要功能是满足附近居民的日常生活活动与徽州文化精神的科普与教育,是一个以功能性为主的道路空间。节点核心体现的是徽州文化中的社会环境元素——新安理学,同时也辅以富有精神寓意的自然与人文环境元素。在徽州文化的传达上,考虑到不同年龄层人群的接受能力与接受方式,多形式地利用了文化设计符号,并且从视觉、听觉多角度出发。整体道路节点景观效果追求深刻且安逸,主要包括的景观有新安理学文化小品、新安理学特色铺装、徽剧人物文化墙、黄山松景观小品、勤学景观小品(见图 3-47)。

“百年徽思”道路节点依据不同人群的需求,将场地空间分为中老年活动区、青年活动区以及少年儿童活动区。中老年活动区设计有足够的硬质场地,以方便人群的集体活动;青年活动区布置了适当的休憩设施,提供了交谈休憩的空间;少年儿童活动区与青年活动区紧靠,以满足成人对于孩子的照看。

3.10.3.1 中老年活动区

在中老年活动区中,主要展现的是新安理学的思想理念,主要通过景观小品进行传达。关于新安理学的文化景观体现,新安理学文化墙采用了石质材质,选取了新安理学中“求真是之归”的思想理念与积极出世的思想观念,提取出了“真”和“世”这两个核心字。景观小品形式上,运用了徽州的篆刻技术,字体刻在了由方格单体构成的平面上,高低错落,犹如一块拓印的板材,象征着徽州发达的刻书技术,表达了“求真”“入世”的思想通过书本教育能够继续在黄山现代社会延续下去的愿景,肯定了新安理学核心思想在当代的作用(见图 3-48)。

3.10.3.2 青年活动区

在青年活动区中,相对于其他区域直观的适合各年龄段接受的文

图 3-48 中老年活动区效果图

化体现，该区域的新安理学文化体现在硬质铺装上，表达较为抽象，比较适合于青年人接受。新安理学尊理重礼，徽州人们活在儒家道德规范与宗法制度当中，这是徽州文化得以繁荣昌盛的内核条件。于是在铺装设计中，将“理”与“礼”进行了解构并进行了重组，提取了“王”与“礻”这两个部首，将“王”“人”“礻”分别设计在了不同的带状铺装中，将“人”字放置在其中间，寓意着人活在理与礼之间，隐喻着新安理学中的处世之道（见图 3-49）。

另外，在青年活动区域中也融合了黄山松设计元素。黄山松作为一个自然元素也体现着徽州人们坚忍不屈的精神品格，可以作为徽州人性格的物化体现。黄山松景观小品抓住了黄山松树根紧咬悬崖峭壁的形象特点，提取了黄山松苍劲的树根，其尺度上突出夸张，材质上选用现代钢材，寓意着松的刚毅，扎根于岩石之中，体现出黄山松坚忍的毅力，同时，顽岩之上向前登高的红色人物形象代表了不屈奋进的徽州人们（见图 3-50）。

青年是社会的中坚力量，再结合徽州地区尚文风气，在该区域中也体现了勤学上进的理念。例如，场地内的勤学景观小品，其融合了徽州地区

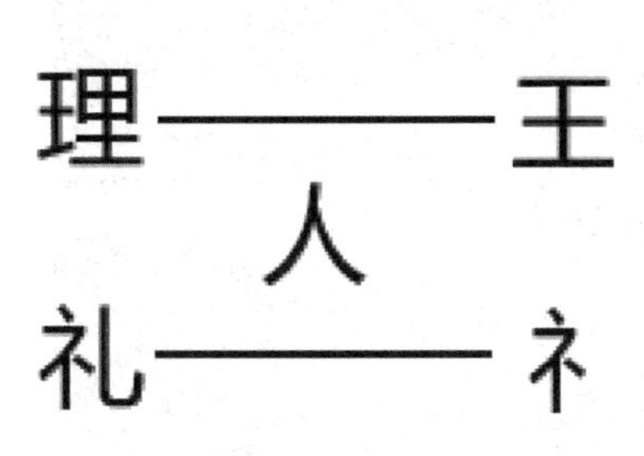

图 3-49 新安理学特色铺装

图 3-50 青年活动区效果图

自古对于教育的重视与徽州的篆刻技术，整体形式取自于印章造型，将“认真”“勤”和“书山有路勤为径，学海无涯苦作舟”的字样刻在四周表面之上，旨在勉励人们勤奋进取。印章底面篆刻有该节点的主题“百年徽思”，以点明主题。

3.10.3.3 少年儿童活动区

在少年儿童活动区中的设计旨在寓教于乐，所体现的是徽州戏曲设计元素。徽剧是古徽州社会生活中重要的娱乐形式，是一种精神上的消费，代表了徽州人民的生活态度与品味。该区域设计有徽剧文化人物文化墙，在视觉角度上，徽剧文化人物文化墙提取了徽剧中演员的动作神情，并运用了类似于徽州版画的艺术形式加工，在墙体镂刻出戏曲中的人物形象，与其周边的人物雕像互补，仿佛人物已从平面中走出，少年儿童可以在其间玩耍。听觉角度上，徽剧人物雕像底座设置有音响，能够播放徽剧的经典曲目。视觉、听觉多角度传达，使得徽剧的文化表现更为立体丰满，也便于孩童接受(见图 3-51)。

图 3-51 少年儿童活动区效果图

图 3-52 “百年徽思”节点夜间效果图

该节点的夜晚灯光效果较为静谧，主要以景观灯、草坪灯、地灯照明为主，节点内的景观小品主要靠外来灯光的投射，自下而上的灯光效果能够很好地凸显出景观的设计外形特征，并且不会打破整体休闲安静的氛围(见图 3-52)。

3.11 徽州文化在基础设施中的体现

3.11.1 照明设施

3.11.1.1 景观灯

景观灯主要布置于绿地中慢行道的两侧与小型活动广场中，考虑到安全照明以及灯具本身作为艺术小品的观赏需求，高度设置为 2.5 m。慢行道两侧采用双边交错布置，小型活动场地沿外边作单边导向。间距考虑到行人的视线特点，设置为 13 m。在景观灯的造型设计上，将徽州的人文魅力融入其中，以徽派建筑的木雕作为设计元素，立面形式总体上采用了传统的木栅格形式，在立面装饰上镂空雕刻象征着吉祥永长的回纹图样，造型简约大气，富有文化历史的厚重感(见图 3-53)。

图 3-53 景观灯造型

3.11.1.2 草坪灯

草坪灯主要分布于慢行道的拐角处以及绿地周边。高度为 0.5 m，满足安全照明的需求，间距根据行人的视线特点设置为 4.5 m 左右。造型形式上也是提取了徽州木雕艺术，整体设计为球体，表面将木雕镂空样式曲面变形，灯具安装在球体的内部，保证照明光线较为柔和。夜晚时分，灯光透过镂空的木雕样式倒映在地面上，其光影效果也形成了一种徽州文化的体现(见图 3-54)。

图 3-54 草坪灯造型

3.11.1.3 轮廓灯

轮廓灯主要用于迎宾大道前半段中分带的景观提升，造型取自徽州

图 3-55 轮廓灯造型

地区的重重山峦，柔滑了山峦的线条，以 LED 灯串装饰外形轮廓，散发富有现代气息的蓝色光晕，烘托出黄山市热烈、充满现代活力与历史底蕴的城市形象。轮廓灯起伏最高处约为 0.5 m，保证了行车安全，整体一个节奏长度约为 50 m，依据车行者的视线特点，每隔 150 m 布置一个轮廓灯节奏，保证驾驶者能够留下深刻的印象（见图 3-55）。

3.11.1.4 建筑特色投射灯

为了充分展现园区内现存徽州文化建筑的景观立面，营造出夜晚文化氛围，本次景观提升中利用投射灯对建筑进行了特色亮化。

园区内核心建筑方面，黄山市城市展示馆将“徽”字投射到建筑前阶梯之上，点明了徽州文化；中国徽州文化博物馆则是将徽州地区的奇峻山峦投影于白墙之上，体现了徽州的大好风光，都有着一定的文化含义。同时，为了突出其亮化，建筑周边应用了些许大功率投光灯，来制造建筑光影，烘托建筑立面，提高了核心建筑的亮度层次，形成了灯光重点（见图 3-56、57）。

文化展示建筑方面，徽菜博物馆投射灯所体现的是徽商文化，将徽商的人物形象以及徽商“唯诚待人”的重要思想格言投射于立面之上。徽州

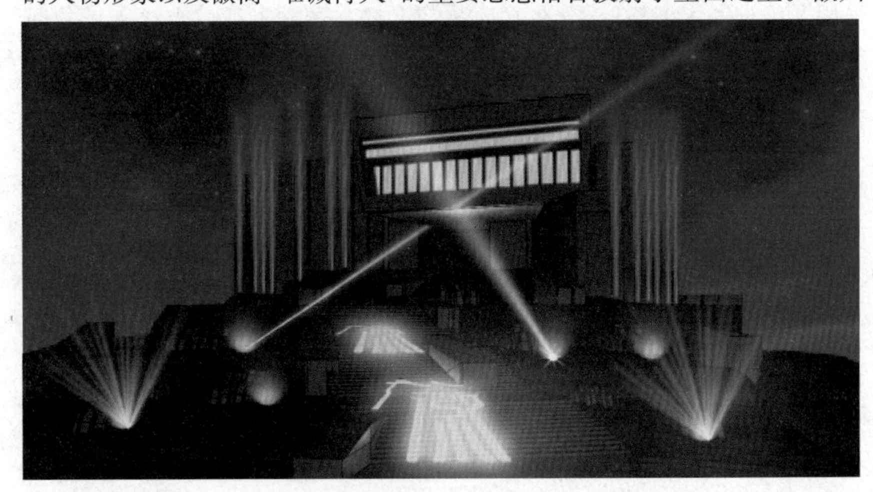

图 3-56 黄山市城市展示馆投射亮化

图 3-57 中国徽州文化博物馆投射亮化

图 3-58 徽菜博物馆投射亮化

图 3-59 徽州糕点博物馆投射亮化

糕点博物馆则是提取黄山云海的特色并投射于立面之上，左侧灯光模拟了平静时分的云海，右侧灯光模拟了动态翻滚时的云海。根据建筑的功能性质，投射亮度上仅次于核心建筑，应用了少许的小功率投光灯进行氛围烘托(见图 3-58、59)。

文化服务建筑方面，黄山市图书馆投射灯光所展现的是徽派建筑中的木雕技艺，将木门上格栅的雕刻运用到了照明亮化中。黄山市城市数据中心灯光提取了徽州地区重视教育的文化风气，将“学”与“文”字映于建筑立面。为了满足其功能需求，投射亮度较低(见图 3-60、61)。

图 3-60 黄山市图书馆投射亮化

图 3-61 黄山市城市数据中心投射亮化

3.11.2 标识导向设施

3.11.2.1 旅游广告牌

旅游广告牌主要布置于迎宾大道人行道侧边绿地，高度约 3 m，为了保证车行与行人的视线特征，设置间距为 50 m 左右，用于展示徽州精彩的人文与自然风景，旨在助力黄山市旅游产业的发展。广告牌的总体设计构思来源于典型的徽派建筑，造型上采用了马头墙形式，色彩组合上提取了建筑的黑、白二色。一面立面白墙之上印有徽派建筑的剪影，和“一生痴绝处，无梦到徽州”的诗句；另一面白墙上印有黄山奇绝的自然风光，点明了徽州文化中最为鲜明的特色。

3.11.2.2 指示标牌

指示标牌主要布置于重要道路节点附近。风格现代，材质为钢，强调尺寸的适宜性，高度为 2.5 m。为了使其融入道路整体的徽州文化氛围中，在色彩上追求统一，采用了黑与白的搭配。顶部用钢架搭建类似格栅结构，使得整体造型多变，不会太过单调死板，给人以上轻下重的视觉感。另外，为了迎合现代生活需求，立面上增加设计了二维码以供手机扫码获取徽州文化景观讯息(见图 3-62、63)。

3.11.3 休憩坐椅

坐椅不单单是纯粹的使用工具，在本次迎宾大道景观提升当中，同样力求其实用功能与徽州文化的艺术融合。休憩坐椅一共分为 3 种形式，一种山峦构架坐椅，设计注重艺术造型，立面抽象地提取了徽州地区山脉

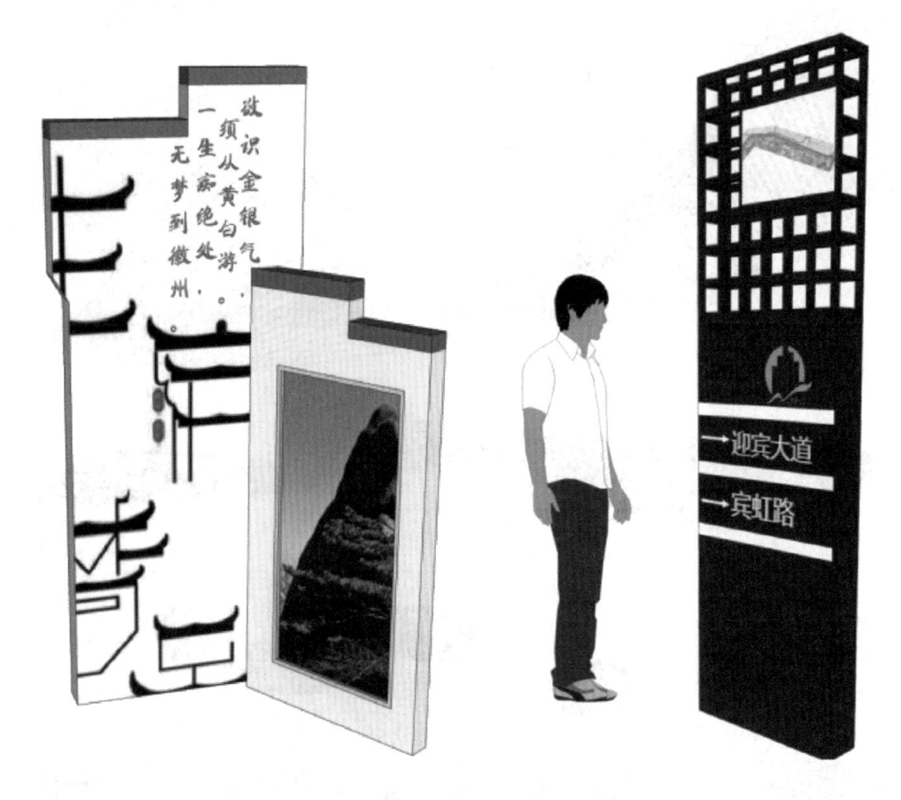

图 3-62 旅游广告牌造型　　图 3-63 指示标牌造型

绵延起伏的形象，同时结合了岩石状的坐椅，提供了良好的休憩与文化展示空间；一种茶叶构架坐椅，顶部平面设计上将茶叶的平面形象加以抽象艺术的变形，形似三枚茶叶，造型现代别致，同时结合特色坐椅，给人以舒适的空间享受；第三种云浪坐椅提取了黄山云海形象特征，造型如云浪般起伏，材料为木制，显得十分轻盈，同时按照人体工程学标准，可坐可躺，提升了舒适度(见图 3-64～66)。

3.11.4 停车场

针对现状中徽州糕饼博物馆前停车场效果不佳的问题，景观提升中首先用植物将停车场围合了起来，与外界环境形成了一定的隔离；接着对于车位的设置与车辆出入路线进行了重新组织规划，以保证停车过程流畅；并且新增了旅游大巴停车位。停车场铺装方面融入了徽州文化特色，代替了原先的大面积的植草透水砖，铺装材质为黑色透水沥青，用白线在其上作了艺术性的加工。在旅游大巴车位上绘制了徽州茶叶的平面造型，体现了徽州深厚的茶文化；普通机动车车位上绘制了蒲公英的造型，寓意着徽州文化能像蒲公英那样随着媒介的流通，传达散播到各点生根发芽，表明了徽州文化强大的扩散性(见图 3-67)。

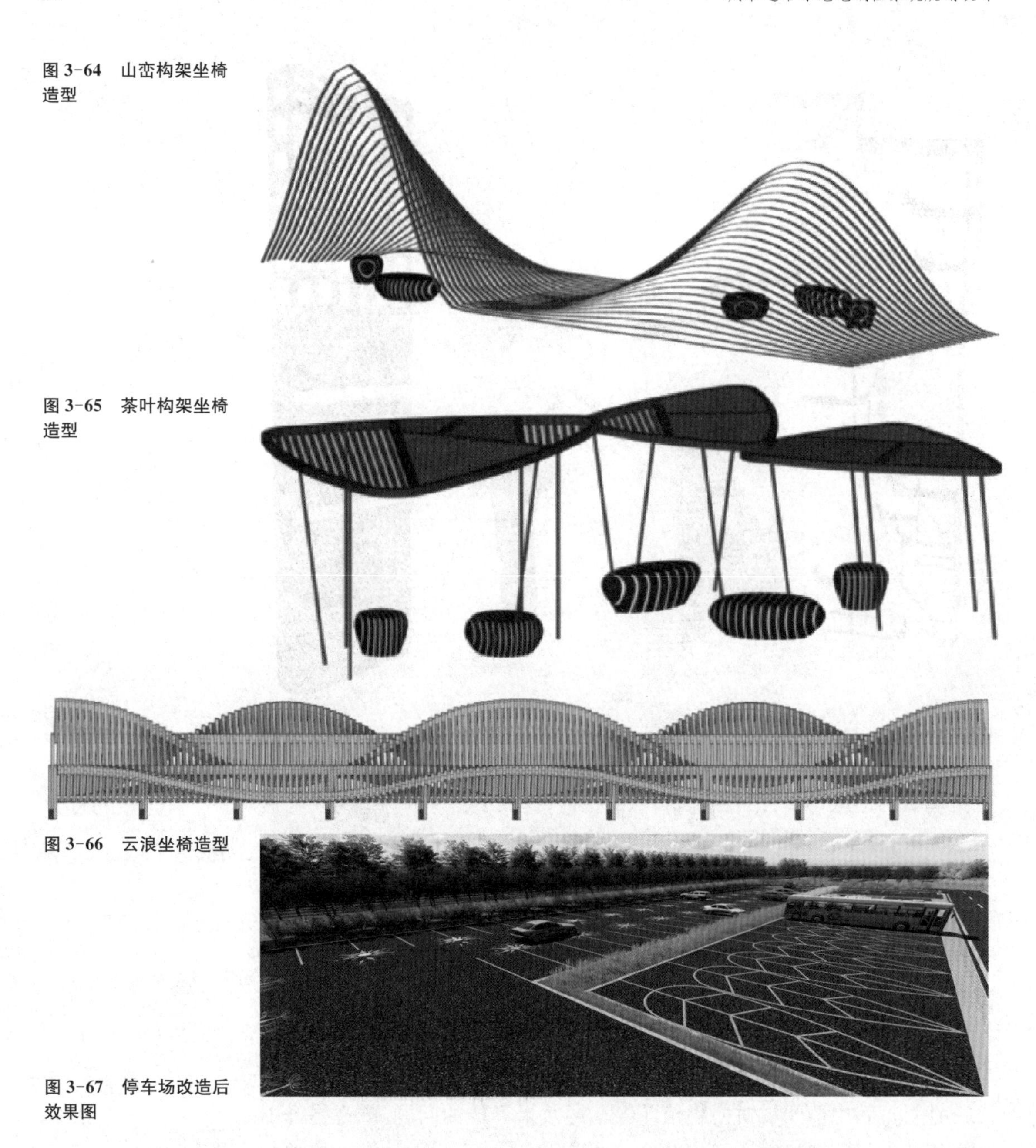

图 3-64 山峦构架坐椅造型

图 3-65 茶叶构架坐椅造型

图 3-66 云浪坐椅造型

图 3-67 停车场改造后效果图

3.12 徽州文化在植物绿化中的体现

3.12.1 道路树种的选择

在黄山市迎宾大道树种选择方面，旨在遵循因地制宜，适地适树的原则，构造出一个美感丰富，具有徽州地区气息的植物群落。因此要充分考虑黄山市的场地生长条件，结合当地徽州文化风情，选择以乡土树种为主，同时引进适合的外来树种，做到树种选择满足生态与文化的适宜性。

3.12.1.1　基调树种选择

基调树种选择的是徽州地区适合生长的树种，以地域性常绿乔木为主，要求有着较为广泛的群众认同基础，数量多种类较少，能够形成良好的植物景观特色背景，使得黄山市迎宾大道有统一的基调。常绿树种选择有香樟、高杆女贞、乐昌含笑、青冈栎以及雪松，落叶树种选择有黄山栾树、水杉（表3-2）。

表3-2　基调树种选择

基调树种选择	
常绿树种	香樟 *Cinnamomum camphora* (L.) Presl（观树姿、观果） 高杆女贞 *Ligustrum lucidum* Aiton（观树姿、观果） 乐昌含笑 *Michelia chapensis* Dandy（观花） 雪松 *Cedrus deodara* (Roxb.) G. Don（观树姿）
落叶树种	黄山栾树 *Koelreuteria bipinnata* Franch. var. *integrifoliola* (Merr.) T. Chen（观叶） 水杉 *Metasequoia glyptostroboides* Hu & W. C. Cheng（观叶）

3.12.1.2　骨干树种选择

骨干树种的选择是绿化种植的中心点，决定着道路植物的特点。选择上以适合徽州地区生长的富有文化意义的乡土树种为主，加以具有良好景观效果的外来树种；以绿荫树、观花树木等乔木为主，大灌木次之。骨干树种选择有碧桃、日本晚樱、黄山紫荆、枇杷、杜鹃、重阳木、楸树、安徽槭、美女樱、慈孝竹、垂柳、广玉兰、黄连木、榉树、合欢、杉木（表3-3）。

表3-3　骨干树种选择

骨干树种选择	
常绿树种	枇杷 *Eriobotrya japonica* (Thunb.) Lindl.（观果） 杜鹃 *Rhododendronsimsii* Planch（观花） 楸树 *Catalpa bungee* C. A. Mey.（观树姿、观花） 慈孝竹 *Bambusa multiplex*（观形） 广玉兰 *Magnolia grandiflora* L.（观花）
落叶树种	碧桃 *Amygdalus persica* L. var. *persica* f. *duplex* Rehd.（观花） 日本晚樱 *Cerasus serrulata* (Lindl.) G. Don ex London var. *lannesiana*(Carri.) Makino（观花） 黄山紫荆 *Cercis chingii* Chun（观枝、观花） 重阳木 *Bischofia polycarpa* (Levl.) Airy Shaw（观树姿、观花） 安徽槭 *Aceranhweiense* Fang et Fang. f.（观叶） 美女樱 *Verbena hybrida* Voss（观花） 垂柳 *Salix babylonica*（观树姿） 黄连木 *Pistacia chinensis* Bunge（观花、观叶） 榉树 *Zelkova serrata* (Thunb.) Makino（观树姿、观叶） 合欢 *Albizia julibrissin* Durazz.（观花） 杉木 *Cunninghamia lanceolate* (Lamb.) Hook.（观叶）

图 3-68 景观小品周边植物种类与空间

3.12.2 植物配置形式

3.12.2.1 “精彩”入口门户路段植物配置形式

景观小品周边植物种类主要为:粉花绣线菊、大叶黄杨、四照花和杉木。其中高层的杉木是我国特有的速生用材树种,古徽州称之为徽木,在徽州地区广为栽植。底层的粉花绣线菊、大叶黄杨和四照花也是徽州地区适宜种植的植物。植物高度距离跨度大,少有中层植物,营造了开阔通畅的植物空间,不遮挡人们欣赏徽州文化景观小品的视线,并且有着较大的林下空间,增加了人们与景观小品的互动机会,加深了人们对于徽州文化的潜在认知(见图 3-68)。

硬质广场周边植物种类主要为:红花檵木、黄山紫荆、枇杷和楸树。其中黄山紫荆的主要产地便是徽州地区,在当地有着较大的认可程度,在古代通常用来比拟亲情,象征着家业兴旺,有着美好的植物文化寓意。植物配置上用树阵广场结合花镜与灌木球,丰富了立面层次,强调自然群落绿色空间,起到了良好的造景效果(见图 3-69)。

3.12.2.2 “精妙”文化产业路段植物配置形式

产业园现存文化建筑周边植物种类主要为:安徽槭、碧桃、高杆女贞、水杉和金森女贞。徽州地区十分适合杉树的生长,水杉在当地有着良好的立地条件。安徽槭是皖浙特有的槭树种类,在徽州境内也备受关注与保护。植物配置上,以落叶乔木为主,配以开花小乔木与灌木,很好地凸显出徽州文化建筑的建筑立面,使其不被遮挡并能够得到映衬(见图 3-70)。

植物种类

植物空间

图 3-69 硬质广场周边植物种类与空间

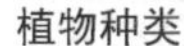

植物空间

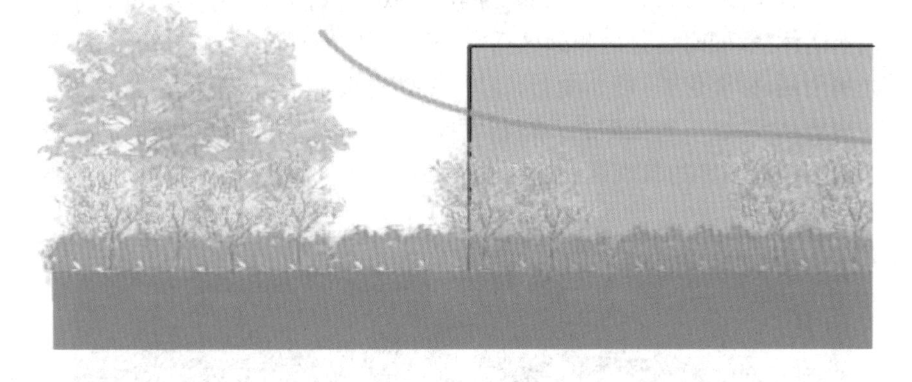

图 3-70 现存建筑周边植物种类与空间

景观雕塑周边植物种类主要为：香樟、雪松、水杉、黄山栾树和枇杷。其中雪松和水杉作为松科与杉科自古以来都是徽州地区的乡土树种。黄山栾树生长快，适宜性广，在近几年的黄山市绿化中广为运用。设计上为了突出徽州文化景观雕塑，在植物配置中利用了色彩的特性，将色调较深较冷的香樟与雪松作为背景，水杉以及黄山栾树这样的色调较浅的落叶树种放于前排，开花碧桃放于最前排，形成了鲜明的植物景观层次。景观雕塑于其中更加立体形象，徽州文化主题得以更加突出(见图 3-71)。

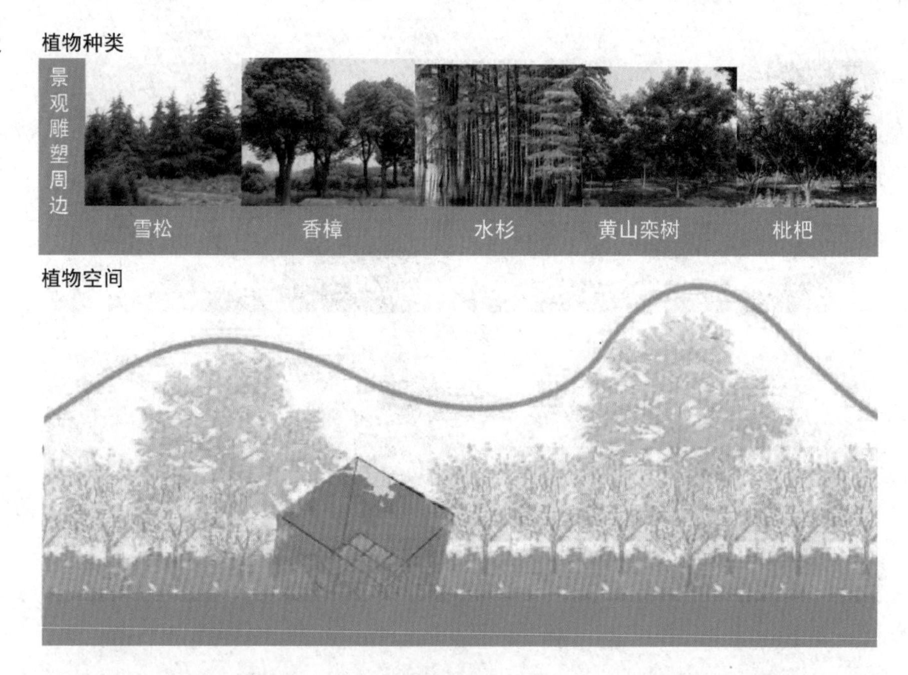

图 3-71　景观雕塑周边植物种类与空间

3.12.2.3　“精致”居住生活路段植物配置形式

居住区周边植物种类主要为：杜鹃、枇杷、乐昌含笑和重阳木。黄山杜鹃是黄山市的市花，也是徽州地区特有的一种杜鹃亚种，但是其生长于海拔 750～1700 m 处，不适宜道路景观绿化，于是选用了同科同属并且适宜场地种植的毛杜鹃。枇杷作为结果常绿小乔木能够给场地带来一份生活的气息氛围。乐昌含笑作为常绿乔木，树荫浓郁，花香迷人，可以供人们遮阴休憩，同时也是徽州地区适宜种植树种。重阳木为落叶大乔木，喜光稍耐阴，树姿优美，冠如伞盖，花叶齐放，并且有着祛病灭灾、增寿延年的寓意，冬季也不遮挡阳光。植物空间营造上，植物高度层次性增加，能够遮挡一些不良的景观视线(见图 3-72)。

图 3-72　居住区周边植物种类与空间

硬质广场周边植物种类主要为：八宝景天、红叶石楠球、垂丝海棠和青冈栎。其中八宝景天在徽州地区广为栽培；红叶石楠和垂丝海棠在徽州境内也有分布；青冈栎也是徽州地区常绿阔叶林重要的组成树种，性耐贫瘠，是良好的园林景观树种。植物配置形式上，采用了自然式的群落种植，搭配以球状灌木，极大地丰富了植物空间的层次，主要突出观花，旨在营造出舒适安逸的环境氛围，符合路段“精致”文化主题（见图 3-73）。

图 3-73　硬质广场周边植物种类与空间

4 基于地域特色的 S316 巢湖段沿线景观规划设计

4.1 项目概况

4.1.1 区位交通分析

巢湖市位于安徽省中部，临近长江，环抱巢湖。其周边分别与肥东、全椒、含山、庐江、无为接壤，是长三角经济区沿江经济带中部、“合芜宁”金三角中心，距合肥和芜湖各 60 km，是皖江开发开放及示范区建设的中心地带。

新改建的 S316 省道是沟通巢湖、庐江的重要干线公路，是通往长江三角洲地区重要的出口公路，其改建有利于皖江城市带承接产业转移以及提高全省路网服务水平；改建道路一侧对外接巢湖环湖滨大道，在未来可作为巢湖旅游大道的重要组成部分，对促进巢湖沿岸旅游资源的开发有重要作用(见图 4-1)。

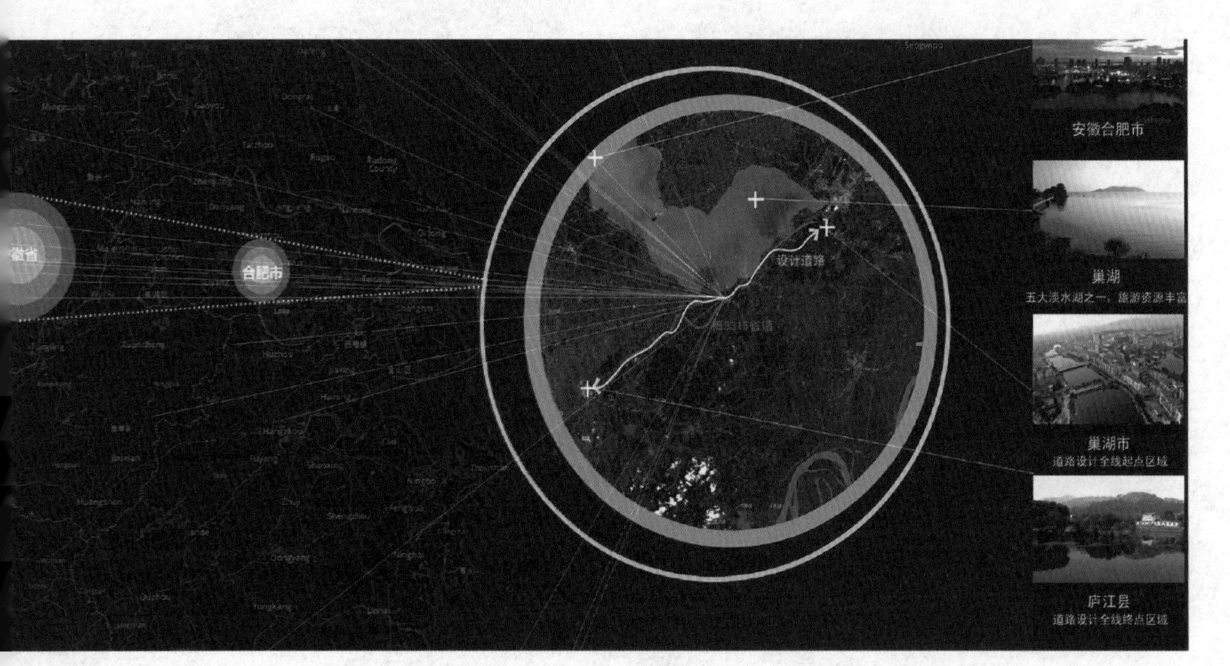

图 4-1 S316 位置图

4.1.2 设计段概述

本次道路规划设计段为“K9—K22路段”，总长约13 km，设计时速80 km/h，路基宽24.5 m，路面宽21 m，为四车道，一侧外接巢湖旅游大道，本次设计段为全线沿途山体最密集区域，具有“湖、溪、山、田”相映的景观格局，沿线穿越多个自然、人文旅游景点。

路域根据场地的具体情况确定不同边界，对道路主体及两侧30～50 m范围内进行重点设计，局部根据现状适度拓宽。

4.1.3 文化资源分析

合肥在加速发展的进程中，逐步形成包容与开放、务实而趋新的城市品格特征。在新一轮的城市大拓展中，它的文化纵深应该向环巢湖流域拓展，因为从文明初曙和历史传承来看，古庐州和古巢州原为一体，它们共同构成了“环巢湖文化圈”。其中安徽巢州山清水秀，人杰地灵，拥有悠久的历史和灿烂的文化。

(1) 名胜文化：巢州环抱巢湖，集长江天险、湖光山色于一体，汇名泉名洞、奇石奇花于一身，湖光、江涛、温泉、奇花，堪称“巢湖四绝”。除自然景观外，巢湖也拥有着丰富的历史遗产，集古战场遗址、古城池、古寺、古碑于一体，具有浓郁的地方特色。

(2) 农耕文化：巢湖地区有山川、丘陵，也有河网、平原，地形地势多样性强，农耕文化呈现兼容并包的个性。

(3) 佛道文化：巢湖的浮槎山、太湖山、鸡笼山、冶父山，均被冠以“江北小九华”之名，都督山则被称作“西九华”，佛教、道教中人的足迹遍布巢州大地。

(4) 民俗文化：巢州开放的气质，在多元文化的冲击、融合下，造就了带有地域性质的民俗文化，民俗戏剧、武术文化难以胜数，特别是巢湖民歌已成功申报国家非物质文化遗产。

(5) 有巢文化：《太平御览》引《项峻始学篇》云：“上古穴处，有圣人教之巢居，号大巢氏。”在巢湖当地流传着“有巢氏”的传说，从大巢氏的蒙昧到古巢国的定型，直至成为固定的行政区划，域内时代传承，脉络清晰。可以说，有巢文化是巢湖文化的发端，“巢”字是地域文化特殊性的典型标识。

4.1.4 自然资源分析

4.1.4.1 山体现状分析及评价

新道路的走势与两侧山体的遍布形式相吻合，由于山体轮廓的变化，与道路形成不同的空间格局；由于人为开垦山体，在道路中间段开始出现

3个不同形式的矿坑，提供了良好的道路要素；且沿道路两侧遍布不同材质的驳坎（土质、岩质），这些不同使得在景观化、生态化处理这些要素时必须采取不同的对策。

(1) K9至K13段为S208湖光南路至东王庙，沿道路两侧分布着连绵自然山丘，局部留有道路施工的弃土堆。山势连绵起伏，景观线较长；山体保存完好，具有浓厚的自然生态气息。但同时山体植被杂乱，缺乏季相变化；段线较长，山丘景观较单薄，缺乏视觉焦点。

(2) K13至K15段为东王庙至项山小学。山体离道路较远，形成半围合的空间。山体变化明显，形成鲜明的空间变化；远山为背景可以更好烘托前景，但山体景观较为单一，缺乏视觉特色。

(3) K15至K20段为项山小学至渔塘村。此段山体鲜明变化，矿坑、石质驳坎、高架桥在该段依次出现。现状大面积的矿坑、驳坎，加以改造可成为承载地方文化特色的独特景观；多变的山体形态创造了丰富的景观体验。同时采矿对山体产生了严重的生态影响及安全隐患，对后期生态修复提出了较高要求；人工痕迹较强，与乡野氛围冲突。

(4) K20至K22段为渔塘村至佛岭村。现状山体仅存在道路一侧，另一侧为开阔平原，形成了独特景观，但单薄的山丘景观缺乏视觉焦点（见图4-2）。

4.1.4.2 水系现状分析及评价

改建道路沿线的水系呈现明确的形态变化，点状的池塘、面状的水库、线状的溪流，并且与周围景观组合形成不同的景观格局。但局部的水系由于缺乏治理，视觉效果不佳，相互间的辨识度也不高，可在后期进行景观改造，突出水系特点。

(1) K9至K11段为S208湖光南路至屏峰水库。该段有脉络较连贯的带状水系，两侧视域开阔，具有良好视觉面；沿线农田景观效果良好，与溪流相互映衬，辅以远山，形成舒朗景观。但是水系由于道路建设原因出现局部干涸、断裂的情况，完整性被破坏。沿线两侧的景观空间层次缺乏变化。

(2) K11至K13段为屏峰水库至东王庙。分布特征为带状溪流连接着集中的人工水库，水库上游汇水区分布着少量湿地和滩涂。山势变化形成明显的空间变化，水库景观良好，结合山体、周边村庄，具备成为综合性的观赏点的可能。水库与周围环境缺乏联系，未形成良好的观赏氛围。

(3) K13至K18段为东王庙至中材水泥厂。现状分布水量相对较少，水体形态以小型的田间水塘为主，水塘相互独立且形态不突出，易干涸，生态性及观赏性较弱。水塘斑块镶嵌于广袤农田，呈现出婉约秀丽的农业景观。

图4-2　山体形态示意图

K9至K13

K13至K15

K15至K20

K20至K22

(4) K18至K22段为中材水泥厂至佛岭村。该段形态各异的水塘镶嵌于山林、农田，数量较多，具有很强的视觉吸引力，能形成优美的农业景观，亦可作为自然的雨水花园。局部水塘紧临道路，水质污染，少量已干涸，经改造后可用于收集道路雨水(见图4-3)。

图 4-3 水系形态示意图

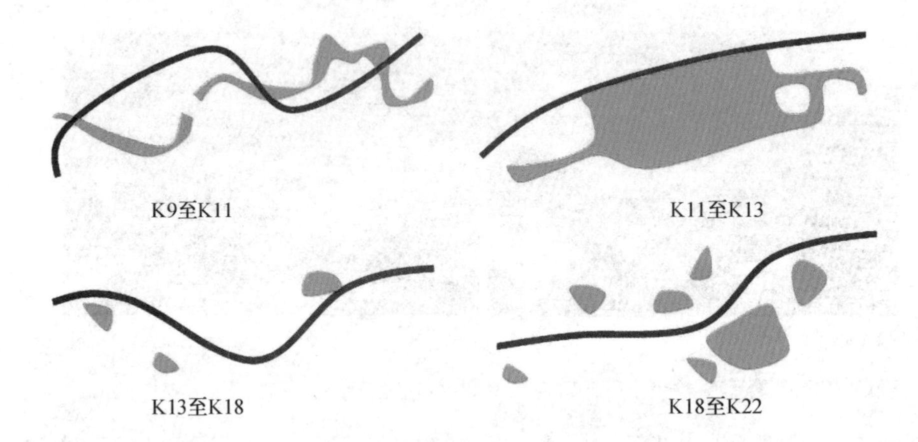

4.1.4.3 村落现状分析及评价

根据相关调查研究，100 m 以内可以清晰看见平房的细节；100～300 m 可以看出平房的整体轮廓；300～1 000 m 只能依稀分辨形态，呈现模糊的印象。结合以上数据对沿线村落进行分析，有 49%的村落在明视范围内需要重点规划改造；且村落的视觉美感度参差不一，需要采取不同的整改措施；另外已有住所的功能以及单纯的住宅衍生出点状分布的商业用途（农家乐），为新规划提供新发展思路。

(1) K9 至 K10 段 A208 湖光南路至黄金科。村落数量多为组团式布局，北倚高山，前临广袤农田，景观效果良好。靠近屏峰小学，生活气息浓郁。局部村落紧临道路，对道路市域景观影响较大。道路外观差异较大，无法形成完整的视觉效果。

(2) K10 至 K12 段黄金科至屏峰水库。沿道路走向，村落点状散布于农田中、山峰下，景观广阔。但较少的村落数量，无法进行其他产业或商业用途。同时，村落周边景观杂乱无序，视觉效果不佳。

(3) K12 至 K15 段屏峰水库至项山小学。村落数量众多，分布集中，为组团式布局。村落与周围环境契合，景色优美，具有发展综合性观赏活动的可能。现局部村落已发展农家乐，实现村庄功能的转变。现状道路北侧村落紧临道路，被新规划道路破碎化，且缺乏特色及焦点。

(4) K15 至 K19 段项山小学至王家岗。村落数量较少，距离道路较远，为散点式布局，山势耸立，外环境优美。与此同时较少的数量难以形成新城大面积的联动开发，虽北倚高山，但平地面积较小，物质资源与景观资源有限。

(5) K19 至 K22 段王家岗至佛岭村。村落数量众多，局部呈片状，为组团式布局。周边农田面积广阔，景观基础较好；村落随地势变化而呈现高差变化，具有多变的乡野风貌。现代居住区与乡村聚落均有分布，错落形式差异较大。场地内的高架桥对原场地自然肌理破坏较大，人工痕迹突出（见图 4-4）。

图 4-4 村落现状照片

4.1.4.4 农田现状分析及评价

(1) K9至K11段S208湖光南路至屏峰水库。沿道路走向的大面积农田种植效果良好,与溪流、山体组合成景观优美的乡野风光。但是植物品种单一,季相效果不突出,大多为农民自留地,规模较大的景观改造有局限。

(2) K11至K13段屏峰水库至东王庙。沿道路走向分布少量细带状农田,紧临道路,依托山势变化,通过植被变化可产生明显的空间层次。现状面积狭小,很难形成大的景观游憩点,发展局限大。

(3) K13至15段东王庙至项山小学。由山体围合出团块状大面积农田,地理位置优越,与山体、水系、村落组合,具有很高观赏价值与发展空间。但植被种植单一,缺乏特色;农田使用功能单一、缺乏统筹性开发。

(4) K15至K20段项山小学至渔塘村。少量细带状农田紧临道路,依托山势变化,通过植被变化可产生明显的空间层次。面积狭小,很难形成大的景观游憩点,发展局限大。

(5) K20至K22段渔塘村至佛岭村。现状团块状农田大小不同,分散在道路周边,视野开阔,农田肌理明显,具有很好的观赏背景。但植被单一,同时部分农田荒废,缺乏观赏性。由于高架桥的存在,提供了多个观赏视点。道路改线的人为工程对自然农田肌理破坏较大(见图4-5)。

4.1.5 绿道规划现状分析

根据安徽省《关于实施绿道建设的意见》相关文件,安徽预计到2020年,以东西方向沿长江绿道、沿淮河绿道、沿江淮分水岭绿道、南北贯通绿道和环巢湖绿道为主干线的省域绿道建成,长度约2000 km左右。同时建成皖南、皖西、沿江、皖中和皖北五大区域省域绿道支干线(市域绿道)2000 km以上,与城市绿道对接到位。

根据《合肥市域空间绿道网络系统建设总体规划(2012—2020)》,合肥市绿道规划为“一纵三横一环”的绿链格局:“一纵”即南北贯通绿道,依托京沪、京福、商杭高铁布局以及合铜高速公路,以山水人文旅游为特色,北起宿州砀山县,南至黄山;“三横”分别指淮河绿道、沿江淮分水岭绿道、沿长江绿道;“一环”指环巢湖精品绿道,该线路位于合肥境内,连接巢湖市、三河镇、长临河镇、中庙镇、烔炀镇、黄麓镇等乡镇。

S316道路虽未包含在合肥市绿道规划范围内,但由于新道路与环巢湖湖滨大道相承接,且沿线自然风光优美,湖、溪、山、田相映,少数名胜古迹散点状分布其间,新修建的道路可作为风景道,在“美丽中国”及“可持续发展”的理念背景下,迎合未来城市发展的需求,成为生态网络格局的组成部分。因而可结合相关风景道建设模式,在创造独特沿线风景时,探讨未来大区域景观格局发展方向。

图4-5 农田现状照片

4.1.6 现状小结

纵观项目自然、人文资源现状，道路外接巢湖大道，作为巢湖景观的延伸，有利于其发展。场地拥有的“湖、溪、山、田”多种要素，具有良好的景观基础；采石场作为地方特色的地域空间，有极大的发展空间。在有诸多优势条件的同时，周边地块尚未形成成熟发展，现有农村局部侵蚀路面，视觉效果参差不齐，缺乏完整的景观形态；道路本身割裂了两侧景观的联系，场地基本种植格局以农田为主，可利用的空间有限；同时由于人工采矿，周边生态环境及景观格局严重破坏。

面对以上规划设计中存在的挑战，项目旨在强调道路设计生态性、地方性、视觉性，对于裸露山体进行生态修复，运用设计手段弥合道路两侧景观的联系。在美化环境的同时，带动周边区域的联动发展，将道路景观作为人文与自然的融合、地域特征的体现。随着大区域范围的快速发展，特别是环巢湖区域的开发建设，为此项目带来契机。

4.2 项目地域特色分析

4.2.1 宗教文化

宗教文化是皖江历史文化的主要特色，形成了以天柱山为中心的禅宗文化，以九华山为中心的地藏文化，以巢湖、芜湖和马鞍山为中心的道教文化，以及以沿江各大城市为中心的天主教、基督教和伊斯兰教文化。巢湖地区包括巢湖、庐江县、无为县、和县和含山县。三国时期，随着道教早期的俗神祭祀开始产生，巢湖地区各地相继出现了关帝庙、城隍庙、土地庙等。

文化景观是环境、生产、生活的综合统一体，是人地关系的反映，在空间上构成统一的整体。宗教对文化景观的影响主要体现在宗教建筑上，建筑风格、布局方式、色调、文化内容与周围环境相协调会给人以美感。设计路段中的屏峰水库北侧山上坐落着当地有名的东庵庙；往屏峰小学方向，西边小村与凌家山靠近东王庙。项目将其纳入整体环境规划中，丰富路域景观层次的同时，也可带动本土宗教文化发展。

4.2.2 有巢文化

今巢湖流域，是远古人类有巢氏发祥地，巢湖地域属北亚热带湿润性季风气候，四季分明并以水见长，物产十分丰富。巢湖流域有众多旧石器遗址，其中巢湖市已发现的旧石器遗址有 4 处之多，均分布在巢湖东南岸畔。其中凌家滩遗址是长江下游巢湖流域迄今发现面积最大、保存最完整的新石器时代聚落遗址。其中的"石墙"遗迹是有巢氏开采"石材"的历史见证,从此开山取石不仅用于制作狩猎或者生产工具,也开始用于建筑材料、艺术饰件。

有巢文化影响下的采石业在巢湖发展甚好,矿山开采历史悠久、矿山密布,因此设计区段周边也有大小遗留矿坑。大尺度的矿石肌理景观成为道路景观特色挖掘的重要资源,是当地独特、鲜明的地域文化代表之一。

4.2.3 江淮建筑风格

2014年住建部启动了全国传统民居建造技术初步调查工作,汇编成《中国传统民居类型全集》,将安徽建筑类型分为皖南、皖中及皖北三种。同年合肥市规划局组织环巢湖建筑设计竞赛,提出传承与发展江淮建筑风貌的理念。随着环巢湖十镇规划更新及安徽不同地域的风格调研,皖中建筑风貌的复原日益受到重视。

设计路段中建筑群体属于江淮建筑风格,多以青砖、红砖筑墙,连续起伏的屋顶形式,抽象的墙面条窗或点窗,新旧材质相互辉映,形成质朴雅致的建筑基调,衬以青山绿水,与周围环境协调相融。

据上文分析有49%的村落在明视范围内需要重点规划改造。改造中建筑以典雅的黑、灰色为主,墙面材质自然朴实,取江淮建筑"自然内敛的"设计风格,悬山顶、雕花墙面以及富有特色的立面装饰都体现了皖中建筑的风貌特色。在需新建的农家乐部分建筑群模拟传统皖中村落布局,沿水而居,高低的屋檐形成错落的天际线,体现与自然和谐、寓情于景的设计理念。

4.2.4 湖溪山田景观构成

4.2.4.1 山体

道路视域范围包含3种地形景观类型:自然山丘景观、驳坎景观、矿坑景观。依据其特征及场地发展需求,自然山丘景观,即充分利用大自然优势,在适宜的位置增加点景建筑,点缀色叶树种,将自然山丘景观加以组织利用,纳入道路景观视野范围;驳坎景观,即采用网格生态护坡、植被披覆等多种生态手段,对现有驳坎进行处理,提高安全性,利用坡面立体性,通过景观化处理,表达地域文化;矿坑景观,即以保留为主,改造为辅,利用其特色,发展探险类、休闲类的参与性活动,带动区域经济发展,融入城市文化,加强其可识别性以及本土居民的认同感。

具体设计策略为山体及山下空间的处理采用"加强突出"的手法,通

表 4-1　山体设计策略

狭窄山体空间通过连绵树群加强山体收缩的空间感
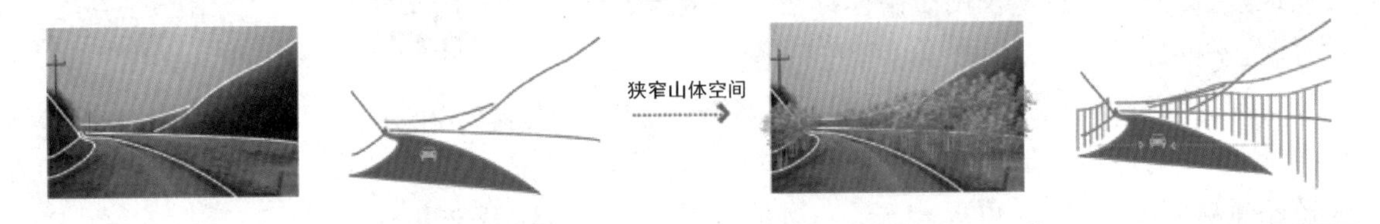
开阔山体空间点缀树群成为视觉焦点，将视线引导至山脚
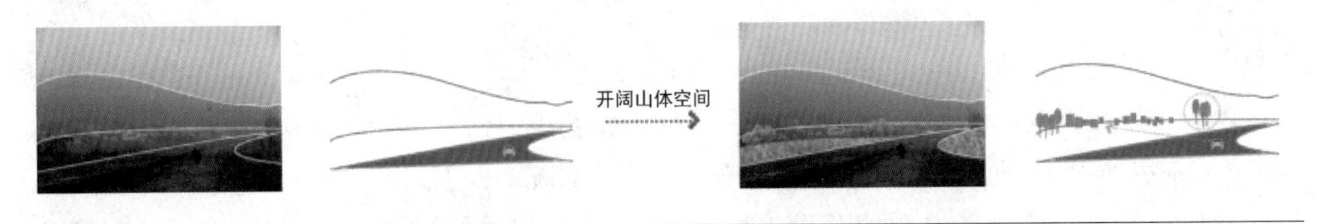
土质山坡通过生态覆绿，植物种植防止水土流失

矿坑保留采石场岩石肌理，增加游览步道、构筑物，实现功能的转变
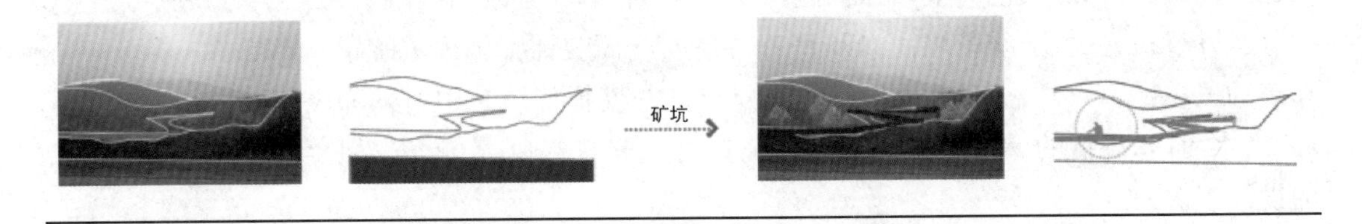

过种植强化原本山体呈现的空间变化，并在局部适当增加构筑、小品等，赋予沿线的视觉焦点及游憩功能（见表 4-1）。

4.2.4.2　水系

基于公路沿线各段水文现状及周边环境分析，对沿线的水文景观规划提出以下构思："浅草溪流"，清澈的溪流蜿蜒徘徊在公路两侧，野生植物倒映其中，形成浅草溪流的美丽画卷；"湖光山色"，利用水库形成"郊野公园"，可观、可玩，山嵌水抱的天然环境成为沿线水脉上的一颗明珠；"半亩方塘"，镶嵌在村庄的小水塘，田园牧歌式的乡村体验，采摘、垂钓、品茗；"山涧浅滩"，沿山脚线流淌的溪流在转弯处形成小型湿地和滩涂，植以芦苇等水生植物，尽显野草之美；"田埂浅渠"，大片纵横交错的格网状农田肌理中，浅浅的水渠时隐时现，稍加整理，便是一幅天然写意风景画。

表 4-2 水体设计策略

保护：保护涵养点状分布的水塘，局部相近的水塘可组团进行保护，维持其自然属性及生物稳定

疏通：将阻隔的水体进行疏通连接，两侧覆绿，涵养水源，美化景观

组合发展：通过水体联系其他景观要素，融合周围村落、山体，增加游憩设施，满足多种功能需求

利用路侧水系排水

具体设计策略按照水系自然形态差异，采取不同的景观措施，在提高其视觉性的同时，综合考虑其在雨水收集及生物防护上的作用(见表 4-2)。

4.2.4.3 村落

近期可开发改造的村落应具有较大的价值潜力和强大的机动力，故发展首选分布在道路沿线上的村落与分布于道路附近的村落；根据村落所处位置以及沿线发展规划需求，对村落的改造着力于视觉提升及产业功能置换两方面，采取相应措施，以期短期内满足发展需求。在提升视觉观赏性方面，拆除紧临新建道路及位于新旧道路夹道中的建筑，并尽可能将废弃的建筑材料回收利用，提高资源利用率。道路附近的建筑以江淮建筑为蓝本，通过外立面粉刷、细节装饰等手法，体现当地民居特色，展示美丽新村居。对于在行车视野内但距离道路较远的建筑，则可通过对其外环境(农田、水系)的统一整治，形成良好的视觉效果。

表 4-3 村落设计策略

拆除紧临路面的村落
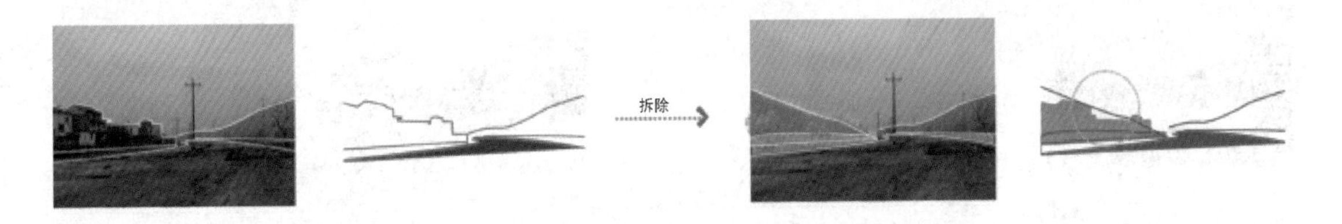
建筑立面改造:距离道路一定距离,但在可视范围内
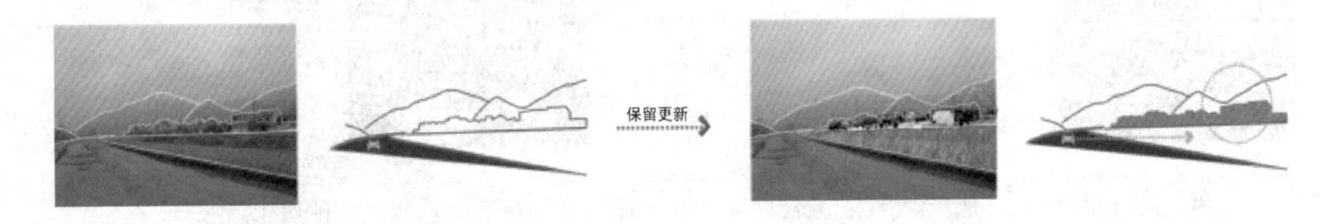
村落环境提升:通过种植进行立面更新

功能转变:依托良好农业景观的基础上,发展农家乐,增加村民收入
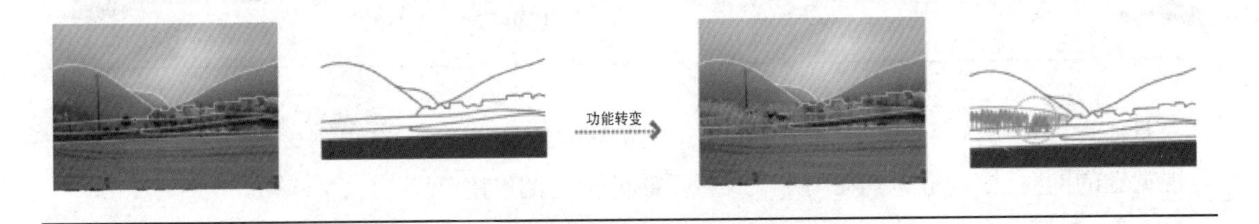

在提升产业功能方面,发展类型为餐饮、零售、汽车维修、汽车旅馆等快速消费产业,资金周转快、前期投入低。农家乐、文化民俗展示活动与慢生活休闲体验区等资金周转具有周期性,前期投入高。远期进一步发展的情况下可将建筑改造为当地特色食品加工的手工作坊,完善"生产—加工—出售"整个产业链。

根据村落所处位置以及建筑质量,采取不同的处理方式,从功能和视觉方面综合考虑村落的景观提升(见表 4-3)。

4.2.4.4 农田

农田作为场地景观的基底,在生态学上是作为"基质"而存在的,有重

图 4-6　农田设计策略

要的景观、生态意义。在充分保留其肌理的基础上，通过增加植被种类和游憩措施，总结出两种未来农田的发展思路：观赏型和活动型，以达到经济和环境的双赢效果(见图 4-6)。

4.3　项目规划概念

作为新 S316 道路的先行规划段，为了在以后与其余道路段自然地衔接，设计从道路周边已有自然环境出发，采用“加强突出”与“删除削减”两种措施，来强化自然景观；从人活动的角度出发，景观结构采用“一轴多景”形式，在道路局部设置点状休憩点，使整条道路富有节奏变化。在党的十八大提出建设“新型城镇”和“美丽乡村”的战略背景下，项目期望通过将道路建设作为精品工程、富民工程来发展农村、统筹城乡发展，建设巢湖当地形象。在改善生活环境的同时，提高生活质量，为当地居民和外来游客带来回归淳朴、自然、健康、生态的乡村体验。

基于对设计需求、景观结构的分析，该项目旨在打造集地域特色、绿色经济、健康生态、山水田园于一体的景观道路，展开“巢庐绿廊，生态画卷”。在地域特色中突出以东王庙为代表的宗教文化，以矿坑景观为表现的有巢文化，江淮建筑风格以及乡土植物的运用。通过农产品的产业链拓展、对山体的修复，最大化道路的社会效益与自然效益。充分尊重场地现状，优化“湖、溪、山、田”的景观格局，推出美丽乡村新体验。

4.4　项目总体规划设计

在总长约 13 km 的 K9—K22 路段中，规划设计交通节点景观 4 处：交叉路口、村落入口、高架桥、互通(中材水泥厂)；路域景观 6 处：浅草溪流、流水人家、田园农舍、田埂浅渠、生态田海、湖光山色；风貌景观 23 处：奇石园、谷仓民俗展示馆、矿坑漫步道、景石驳坎、银屏山风景区入口等。(见图 4-7)

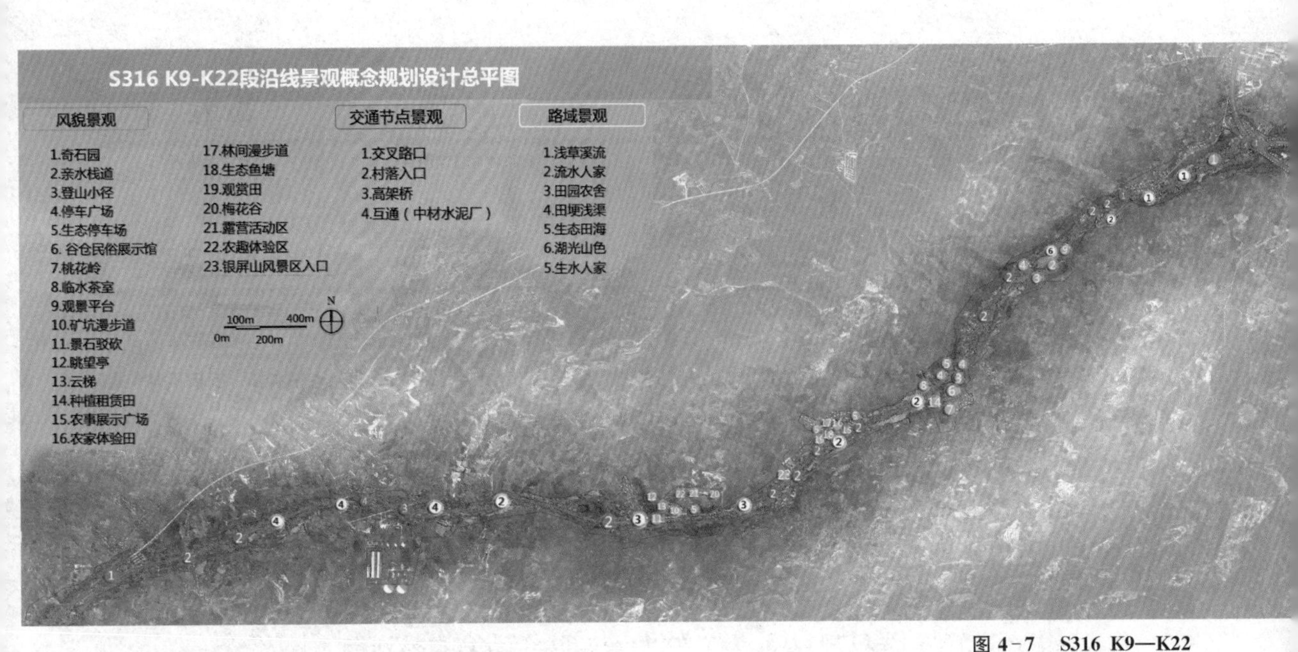

图 4-7 S316 K9—K22段沿线景观概念规划设计总平面图

4.4.1 道路特色分析

表 4-4 道路特色分析

路段	主观赏要素	主活动体验	路段风貌特征	特色
K9—K12（S208 湖光南路—屏峰水库）	水系	视觉观赏活动	浅草溪流、湖光山色	野趣盎然、曲水流觞、山水壮阔、地域文化
K12—K15（屏峰水库—项山小学）	村落、农田	农家乐、果树采摘、民俗文化体验等慢生活活动	田园农居	荷锄东篱、悠闲安逸、绿色生活
K15—K18（项山小学—中材水泥厂）	驳坎、矿坑等山体景观	露天影院、攀岩、探险等刺激性的现代游憩活动	千峰万仞	巍峨起伏、奇峰突兀、场地历史
K18—K22（中材水泥厂—佛岭村）	农田	路域视觉观赏活动	乡村聚落	乡野印象、视线开敞、独特体验

4.4.2 道路空间分析

表 4-5 道路空间分析

路段	空间节奏	空间描述
K9—K12（S208 湖光南路—屏峰水库）	视线开敞—视线闭合	弯曲溪流流淌在低矮草地；自然山体胁迫成狭窄通道，水库两侧密植树木，收缩视线，欲扬先抑
K12—K15（屏峰水库—项山小学）	视线开敞	农家乐体验，以远山为背景，大片区农田景观
K15—K18（项山小学—中材水泥厂）	视线闭合—视线过渡—视线开敞	自然山势胁迫为狭窄通道、局部为矿坑花园；过渡至自然山体半开敞；至新老路交汇处，视线通透
K18—K22（中材水泥厂—佛岭村）	视线闭合—视线开敞	局部山势收缩，视线闭合；依托原场地农田肌理，点状村落散布其间，视线开敞

4.5 基于地域特色的S316巢湖段分段景观规划设计

4.5.1 K9—K12 湖溪山色

该区段位于S316与S208湖光南路交叉口(K9)至屏峰水库(K12)之间。该段景观风貌的形成主要依托于贯穿在公路两侧的水系。通过对现状水文的梳理、整治,将水渠、水塘以及屏风水库与周围环境结合进行景观设计,分别构成"浅草溪流""碧水清泉""湖光山色"三大景观节点,形成以"水"为主体,山、水、田、居相融合的景观。

4.5.1.1 现状概况

表4-6 湖光南路与S316交叉路口—屏峰水库现状分析

位置	主要景观要素	路域概况	水路关系示意图
K9—K10(S208湖光南路口—黄金科)	水+路	沿线视域开阔,公路两侧具良好的视觉面。溪流与农田、公路相互穿插,远山为背景,视觉效果佳	
K10—K11(黄金科-屏峰水库)	水+田+民居	公路南侧视线郁闭,北侧开阔。南侧距离山体较近,北侧大片集中民居,水渠、水塘镶嵌于农田肌理和村边	
K11—K12(屏峰水库)	水+山	进入高山区,公路两侧视域变窄,视觉焦点集中屏峰水库。山嵌水抱的天然地理环境,有天然景观设计优势	

4.5.1.2 区段定位

(1) K9—K10为"浅草溪流"。对该段溪流进行保护利用,与周边农田、村庄乡野风光的规划结合;田埂、茶园、野草、山林,清泉石上流,形成一幅原生态的自然型滨水景观;生态雨水处理技术的使用,对当地水网产生生态修复的功能。

(2) K10—K11为"流水人家"。对其中分布较分散的水塘、水渠进行适当整合、连通并使之与场地的溪流、水库等集中的大片水域有效连接,形成较为完整的水网结构;为开发乡村旅游项目,如民居体验、乡野采摘等提供景观水源，形成垂钓区、特色养殖区等休闲型水景观。

(3) K11—K12 为“湖光山色”。道路一侧的水库与周围山体结合规划为滨水郊野公园，东庵庙、附近路边皖南民居等人文景观的加入，为以水库为核心的滨水景观带注入了文化元素，为游客带来一段湖天一色、水光潋滟的自然之旅。

4.5.1.3 “浅草溪流”(S208 湖光南路口—黄金科)设计策略

现状公路规划道路的 K9—K10 标段沿线景观元素以溪流、农田为主。溪流形态蜿蜒曲折，与公路相依、穿插，一侧紧邻规划中的奇石生态园，但两侧个别溪流有淤泥，需要清理；水质较差，有待改善；填挖方后有大面积的裸露地表；沿线缺少观赏植物。结合前期现状分析，对于淤积泥土的溪流进行人工清淤、疏通和拓宽；利用乡土植物美化溪流岸线，形成“枫叶荻花秋瑟瑟”的生态自然景观；运用卵石过滤、物理沉降、植物净化等生态手段对水质进行改善与提升；对公路路面排水进行有利引导，保护路基稳定的同时，可以有效收集雨水，并储蓄到沿线的水塘、水库；填挖土方的裸露地面栽植草花和低矮灌木，沿溪流形成花境；尽可能保护原有植被，并加以梳理，保留原有田园、山林风貌，同时增加一些色叶、芳香植物，丰富季相景观(见图 4-8、9)。

其中奇石园的设计是该段落地域特色的重点表达，奇石园起步区路边、园内外展览石材堆放杂乱无序，未能有效组织游览路线和空间，缺少植物，游人观感欠佳。规划的 S316 对奇石园原有规划产生诸多影响：① S316 穿过奇石园用地红线，产生约 1/4 面积的无效用地；② S316 与奇石园内道路切割，影响园内交通；③ 奇石园水系中溪流汇水口位置与 S316 重叠，影响路基稳定，影响水域景观效果；④ S316 新旧路交叉口区

图 4-8 “浅草溪流”段规划设计总平面

图 4-9 “浅草溪流”段规划设计效果图

域原有建筑与高速路相切,存在安全隐患(见图 4-10、11)。

设计中奇石园红线退让到高速路北侧,沿高速路一侧植物配置为乔灌草复层结构,形成奇石园展示的天然背景。与 S316 以及预留用地重叠的规划水域改为微地形,山坡南侧种植密林与地被,形成治超站、高速路与奇石园之间的屏障;山坡北侧利用高差展示奇石。新旧路交叉口区域的建筑拆迁,设置防护栏,为北侧居民区隔噪滞尘。重新组织园内游线,从主入口进入,依次为入口奇石展示区、山林展示区、疏林草地展示区、滨水展示区、路域展示区、馆内展示区,形成大小、开合变化有序的空间体验。园内将石材按体积、形态、色泽等分类展示,视觉焦点处用特色石材进行特置、孤置(见图 4-12、13)。

图 4-10 奇石园现状照片

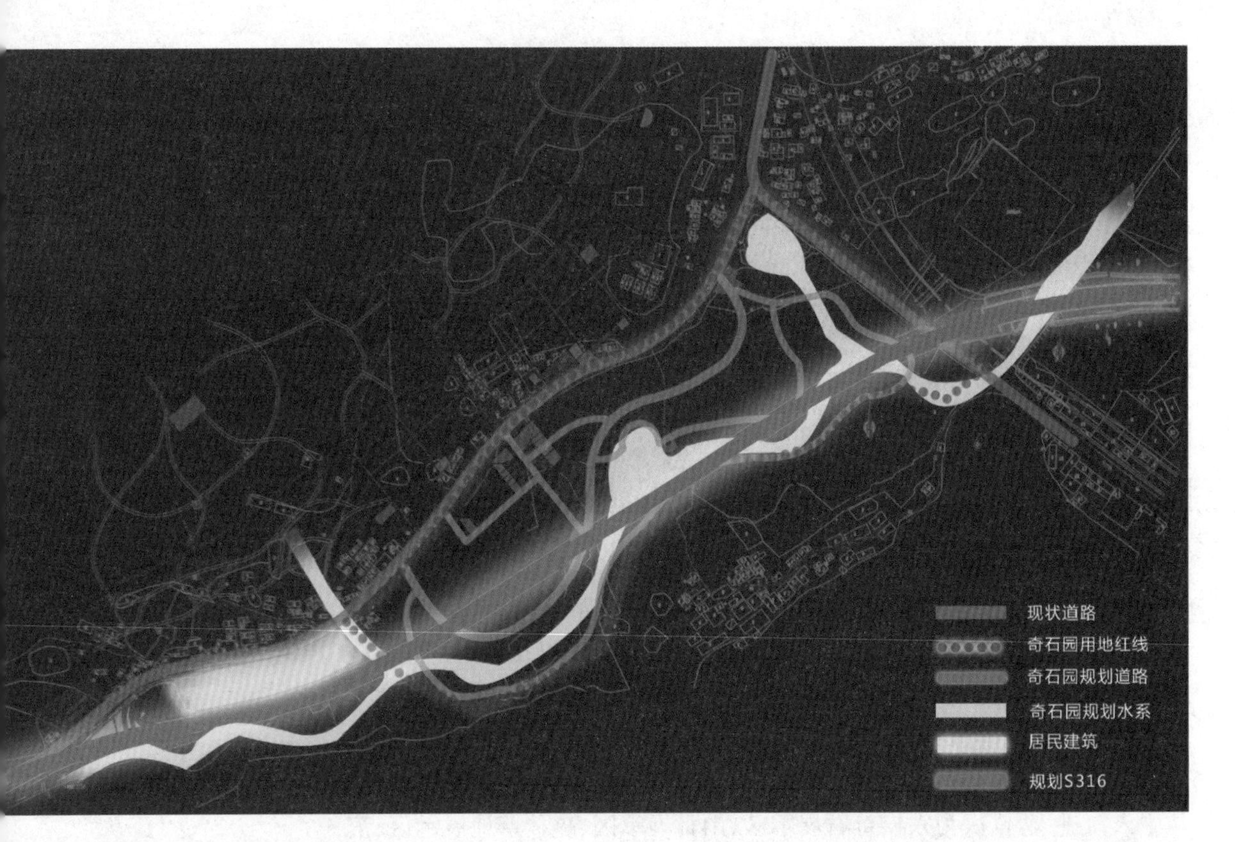

图 4-11 奇石园规划分析图

图 4-12 奇石园平面图

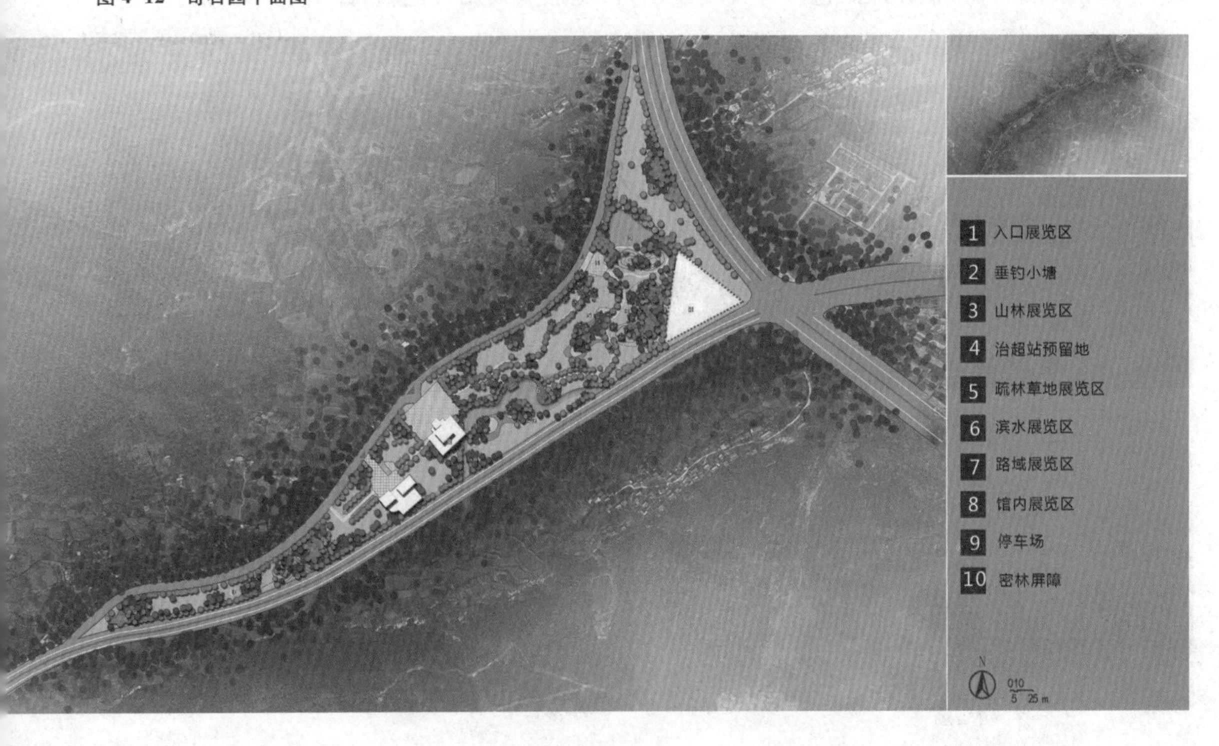

图 4-13 奇石园局部效果图

4.5.1.4 “流水人家”(黄金科—屏峰水库)设计策略

该段路域内主要是田间、村边水渠和水塘,这些散点状分布的水域与主要水脉相互独立,利用起来较为灵活,不会造成对其他水域的影响。但由于村民保护不到位,加上附近工厂的影响,水质较差,景观破碎度高,生态敏感性强,景观效果不理想。设计中对于农田“散点式”分布的小水塘建议集中利用,作为灌溉用水的部分来源;村庄中较大的水塘建议结合民居体验、农家乐,开展休闲垂钓、特色养殖等项目。距离公路较近,周围环境较佳处,结合乡野植物、经济作物的群植,形成富有野趣的滨水景观。(见图 4-14、15)

图 4-14 “流水人家”段规划设计总平面

图 4-15 “流水人家”段规划设计效果图

以村庄水网为基质，面积较大的水塘、水渠为斑块，以规划道路与村庄道路为廊道将其串联，深度挖掘乡土资源、历史文化资源，结合皖南风情的民居建筑，形成乡野旅游休闲综合体——“绿美乡村”。

4.5.1.5 “湖光山色”(黄金科—屏峰水库)设计策略

道路一侧紧邻水库，堤坝将水库分为大小两个水面，一侧水面有绿岛点缀其中。水库丰水期，开闸放水可欣赏动态水景；平水期时间较长，可欣赏湖光山色之美；枯水期水量减少或枯竭，可欣赏到特殊地表肌理。水库北侧山上坐落着当地有名的东庵庙，为景观注入了人文内涵；新规划的村庄入口，便于停靠、观景休憩，享受农家慢生活的乐趣。

设计中水库与上游村庄结合规划为“郊野公园”；靠近水库的几处民居作为餐饮休憩服务区，充分开发商业价值，售卖特产，开展文化宣传；水库景区入口开敞区域作为入口集散广场，设置富有当地文化特色的景观小品、休憩设施；设置登山小径，结合观景亭台，远眺湖光山色之景；硬质堤坝进行修缮，作为观景大道，进行适当的垂直绿化，利用爬藤植物形成“绿墙”(见图 4-16、17)。

4.5.2 K12—K15 田园农居

该段位于屏峰水库与屏峰小学之间，位于 K12 与 K15 之间，农家乐主要位于西边小村、凌家山、屏峰村三个村落。西边小村与凌家山靠近东王庙以及屏峰水库，对这两个村落进行资源整合，共同开发形成以幽逸、归隐为主要特点的农家乐。屏峰村靠近银屏山风景区入口，将其联动开发形成以慢游、乐活为主要特点的户外体验型农家乐(见图 4-18)。

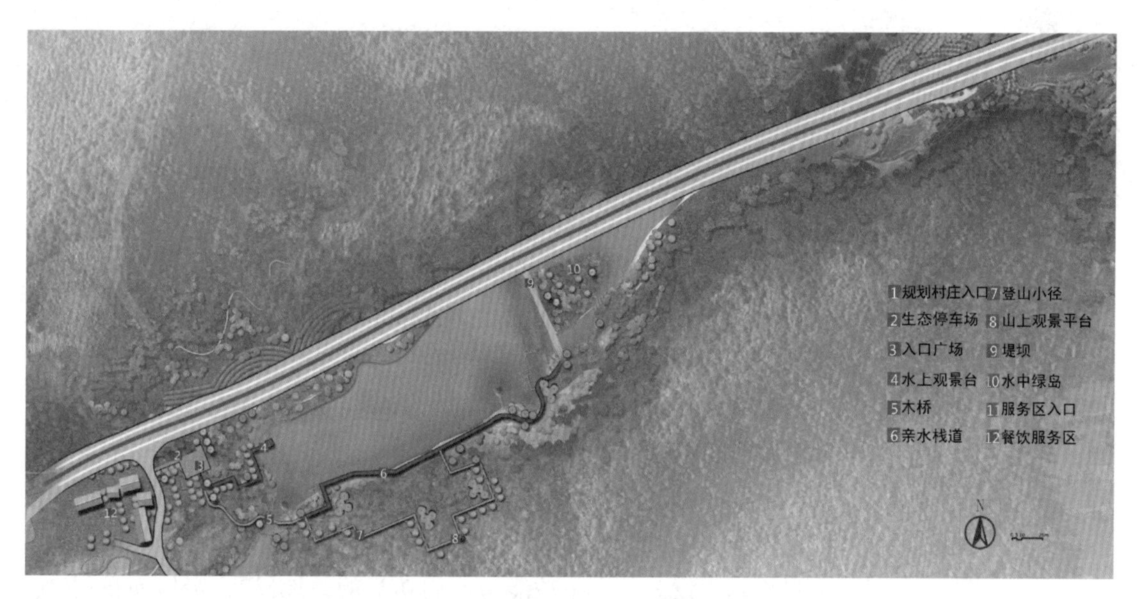

图 4-16 “湖光山色”段规划设计总平面

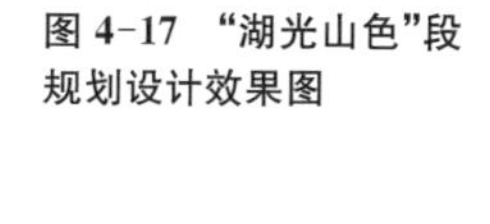

图 4-17 “湖光山色”段规划设计效果图

图 4-18 K12—K15 田园农居鸟瞰图

4.5.2.1 设计理念

融合当地自然、乡村和人文资源，联动开发一个让人们可以远离城市喧嚣，逃离每天呆板生活而感受乐享生活的地方。农家乐产业的蓬勃发展不仅可以增加当地的财政税收，更多的是能够激活当地其他产业发展。

提升生态功能：明确基本山林中心地带、溪源等为生态敏感区域，严格控制位于生态敏感控制区域及重点控制区的开发建设。考虑旅游休闲产业的发展，在需要的地方布置一些简易休闲服务设施，充分注意保持乡村田园生态的景观特点。此外，严格确定保护区内的农田保护范围界线，严格限制农田用地转为其他开发用地。

提升服务功能：提升文化服务功能，设置民俗文化展示馆、食品制作体验展示馆等，开发、利用历史文化资源；提升餐饮服务功能，开设文化广场流动贩卖亭、烧烤场、休闲茶吧，为有特定需求的游客提供特色餐饮休闲服务；提升农业观光功能，种植多种农作物，发展观光农业；根据季节变化，轮作耕种，开展采摘等农事体验活动。

提升土地功能：部分林地开设林间休闲娱乐用地，其他耕地仍为农用地，功能不作调整；扩大水域范围，水上建设休闲设施，保留原水域使用功能；通过规划建设兼具生态功能与使用功能的绿地，扩大绿地面积；拓宽进出村庄的主要干道，对村庄内步行道进行生态改造；增加游客接待中心、茶馆、农俗展示馆等公共设施用地。

4.5.2.2 村落环境分析

村落呈组团分布，三个村庄位于山脚下，物质基础厚实，有丰富的自然资源，环境条件较好，山势高耸壮观，景观基础好。农田面积大，有较大面积的水域，为营造田园风光的水景观赏和亲水活动提供优势条件。长时间的农居历史和大量的农事活动沉淀了深厚的人文历史，具有较强的渐进发展和长久的升值空间。项山林场具有丰富的森林资源和独特的地形条件，应发展成为具有娱乐、休闲和康体功能的观光旅游示范地。

4.5.2.3 开发时序

近期发展——餐饮、旅游接待与居住体验。依托银屏山风景区发展餐饮和接待服务产业，利用丰富的自然资源与建筑资源拓展宜居休闲产业，开发院落租赁等业务。

表 4-7 K12—K15 开发时序

面积(hm^2)	形状	位置	开发定位	开发时间	说明
26.9	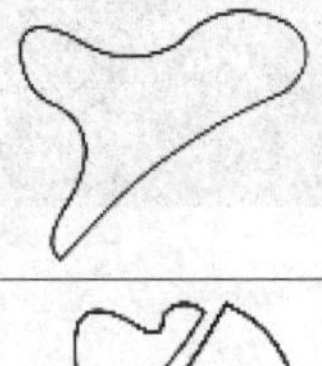	K14 屏峰村	慢游、乐活	近期	已经形成一定规模的农家乐经营；靠近银屏山风景区入口，地理位置好
52.8	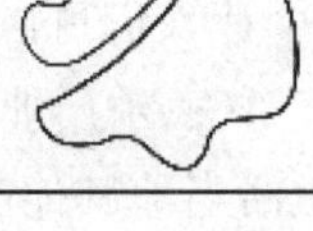	K13 西边小村 凌家山	幽逸、归隐	远期	靠近东王庙与屏峰水库，地理位置好；自然资源丰富，开发潜力大

图 4-19 K12—K15 田园农居村落开发图示

远期发展——教育、农作活动与加工业。远期的发展建立在近期发展的基础上，是该区段经济的深入发展和业务的拓展。可拓展为农事教育基地，供中小学生了解中国博大深远的农耕文明；耕地租赁，提供居民体验农事活动的机会；同时发展当地特色食品加工业和手工艺品制作业，打造景区特色食品产业与特色手工艺品产业（图 4-19）。

4.5.2.4 农家乐近期规划——慢游、乐活

屏峰村位于 K14 段，现状农田主要集中分布在西北侧且周边分布有居民区。村落主要集中分布在北侧和西北侧，东南侧分布较少。次生林主要分布在西北侧和东南侧的山体上。该区域道路呈树枝状展开，且主要北侧延伸。主要优势因素为：① 村落沿山脚集群，呈“弓”形分布，背倚高山，前临碧水；② 村落前部是平坦的农田，给当地开发体验式农业留出大量空间；③ 次生林分布广泛，附近有项山林场，绿植茂密，自然生态环境较优越，拥有观光休闲的优势；④ 地形变化丰富，山体起伏延绵，云雾缭绕，景观效果好。主要制约因素为：① 几块水面较大不便开展水上休闲活动；② 道路需稳固路基，清理道路上杂物，铺设生态路石。

为了激发基地的开发潜力，我们需要和周围元素产生对话，在规划设计时首先要考虑该地固有资源和周围环境与人的行为需求之间的关系。为了开发活动内容和活动空间，我们需要把不同的功能有机地联系在一起，充分考虑创造步行友好的环境，可开发山间步行游道，丰富出行体验（见图 4-20）。

乐活——院落租赁，将位于休闲食宿区部分村民的闲置院落、闲置房屋搜集起来，通过规范的租赁协议出租给居民，作为其休闲、休养、写生、聚会的第二生活空间。农户为租户提供物业、餐饮及保洁等服务，同时还能够提供私家果园、私家菜园中种植的有机食品等。

慢游——踏莎行草，利用银屏山风景区的自然资源，开展户外慢游系列活动，让游客褪去城市的疲惫，披上大自然的美丽；用双腿丈量大山的

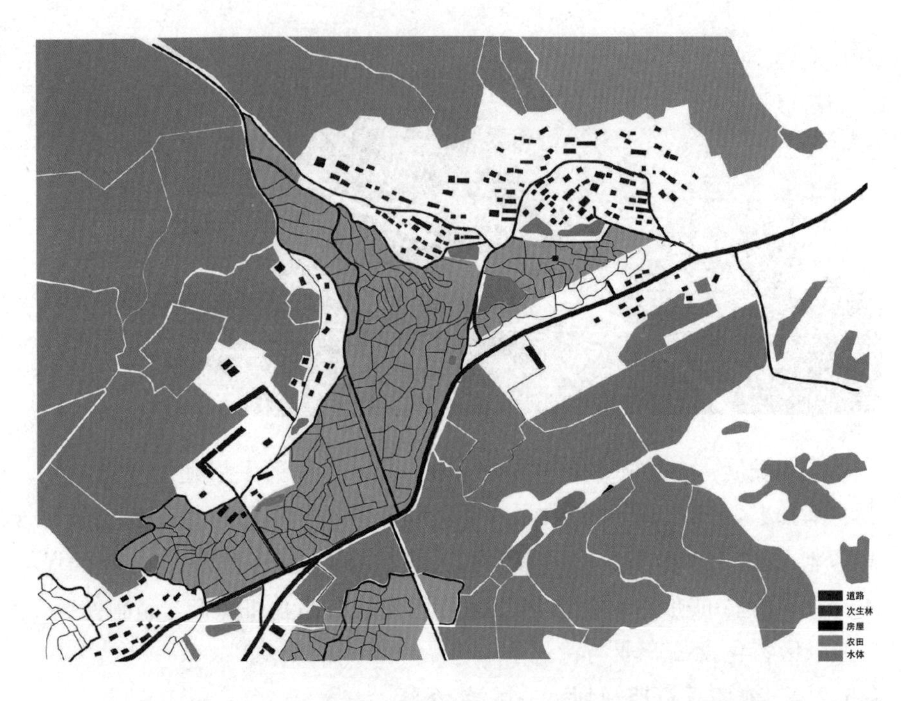

图 4-20　西边小村、凌家村现状分析

高度，用心感受山谷中纯净的风声和水声；呼吸生态氧吧的新鲜空气，在山顶体验一览众山小的豪迈。

4.5.2.5　农家乐远期规划——幽逸、归隐

西边小村、凌家山位于 K13 段，该区域农田主要集中分布在凌家山且主要环绕在居民住房周围；区域内水系分布零散，没有形成明显的水系统；村落主要集中分布在凌家山，西边小村分布较少；次生林主要分布在西边小村，凌家山也有少许零散分布。主要优势因素为：① 有大面积的村落集群，为村庄的旅游发展提供了前提条件；② 农田占有很大比重，能够给当地开发体验式农业留出大量空间；③ 次生林分布广泛，绿植茂密，自然生态环境较优越，拥有观光休闲的优势；④ 地形变化丰富，以山地作为背景，适合为游客创造多种观赏视角。主要制约因素有：① 水域分布点较多，但是略显零碎，不能形成大面积的观赏水面；② 道路缺少系统规划，多为泥土道路，在雨雪天气容易导致行路不便，景观效果不好。

规划结构为“一心三区”，即综合服务中心、农事风情展示区、农耕采摘体验区和农家娱乐休闲区，“开荒南野际，守拙归田园”，在农耕采摘区开辟专区作为耕地租赁，可供租客在假期来感受耕作与收割等农事活动的快乐（见图 4-21、22）。

4.5.2.6　村庄改造建议

根据现状调查和分析研究，将村庄现有建筑分为三类：

一类建筑多为近期修饰更新的建筑，现状建筑质量较好，主要为村民二、三层住宅，规划予以保留。二类建筑为质量尚好且与村庄整体风格无

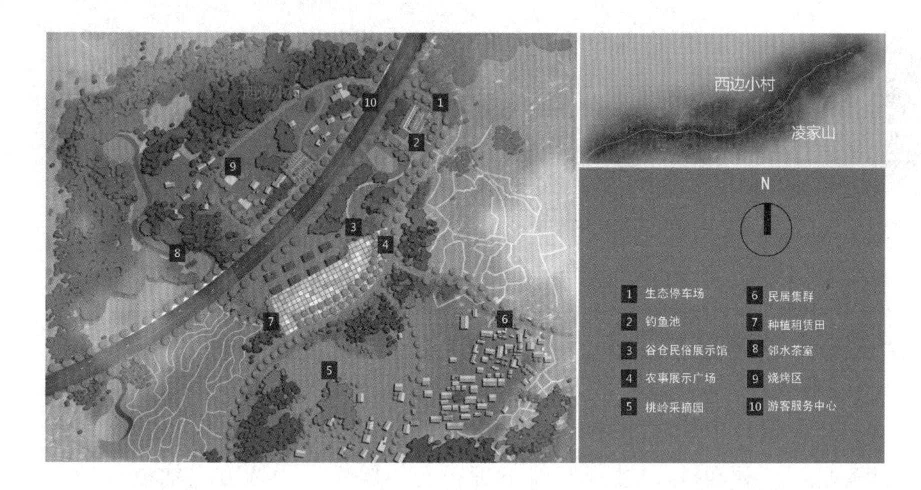

图 4-21 西边小村、凌家村总平面图

图 4-22 西边小村、凌家山效果图

较大出入的建筑。本次即选取部分重点区域的二类建筑重点整治改造，改造的主要内容是对住户门头及院落进行整理、修缮，建筑外立面进行统一处理，使村庄整体风格一致。三类建筑为村民私建牲口棚、厕所、临时用房等建筑，质量较差，有碍景观环境，规划予以拆除。

对严重影响村落风貌整体性的不协调建筑进行拆除，拆除后还原绿地或作为公共活动空间，满足居民日常交流活动以及游客休憩的双重需要；对重要区域的保留建筑进行外立面修饰，统一装饰色调。增加典型院落空间，营造特色庭院院落。

建筑外立面多用竹木格栅，可作为建筑外装饰花坛之用，生态环保；木格栅，可作为建筑外置阳台围栏装饰之用，增加建筑的乡土风情之美；棚架，可作为建筑外墙修补材料，同时起到装饰建筑外立面的作用(见图 4-23)。

图 4-23 建筑立面改造

4.5.3 K15—K18 千峰万仞

4.5.3.1 区段定位

该区段为项山小学至中材水泥厂，道路沿线还分布着中村、张家大村等村庄。设计依托区段现有山脉连绵起伏的绿色自然环境，以道路一侧的矿坑遗迹为契机，从生态环境的保护与体验性游乐两方面加以保护与利用，打造一个融合生态养生、露营探险的乡野矿坑公园作为道路沿线一个重要景观节点。同时在道路沿线点缀色叶树种，为该区段营造一个可观、可游、可体验的生态乡野风光带(表 4-8)。

4.5.3.2 区段概况与景观策略

(1) 基地状况：区段镶嵌于起伏的山体之间，路基部分路段两侧呈现高陡边坡林立、悬崖石峰交错的景象。

(2) 地貌特征：区段位于道路中间段，两面沟谷深切，山脉起伏跌宕。道路镶嵌于山体间，两侧只有少量民居建筑，山体景观特征鲜明。

(3) 遗迹资源：巢湖市有自身独特的地质条件，使得采石业成为其特色产业。巢湖地区矿山开采历史悠久、矿山密布。道路区段周边也有大小遗留矿坑，大尺度的矿石肌理景观成为道路景观特色挖掘的重要资源。

(4) 植被现状：由于采石作业，部分山体植被遭受破坏，地表裸露。地被良好区域色彩单一，景观不佳(见图 4-24)。

图 4-24 K15—K18 千峰万仞现状照片

表4-8 K15—K18千峰万仞驳坎分类

分类形式	驳坎类型	现状照片	坡面形式	特点/策略
依据道路基地两侧坡面形式的不同	一侧放坡式		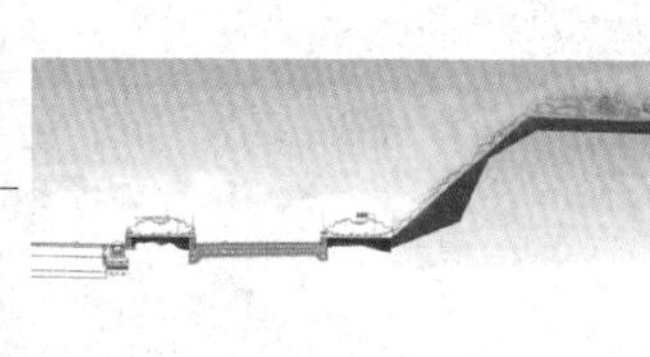	一侧放坡式驳坎道路两侧高差不同，视野一侧开阔，一侧封闭，创造的景观因此具有视线引导性，因此在景观营造时，重点在于视线开阔一侧；两侧放坡道路视线狭窄，视域在道路前方以及两侧坡面，坡面景观营造可细致处理
	两侧放坡式			
	成级跌落式			景观成级变化，立体性强。易于创造细腻而富于变化的景观
	自然式			具有自然生态性，经济性；土壤表面植物披覆多，排水良好，不易造成滑坡
依据驳坎地质的不同	石质驳坎			质感特殊，结合植物可制造驳坎景观兴奋点。可以作为文化表达的载体
	泥土驳坎 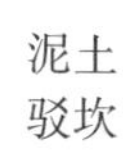			稳定的土壤驳坎可形成自然式驳坎；丰富的植物种植可深入土壤，避免造成表土滑坡现象；稳定性不足的驳坎则需利用挡土墙加强

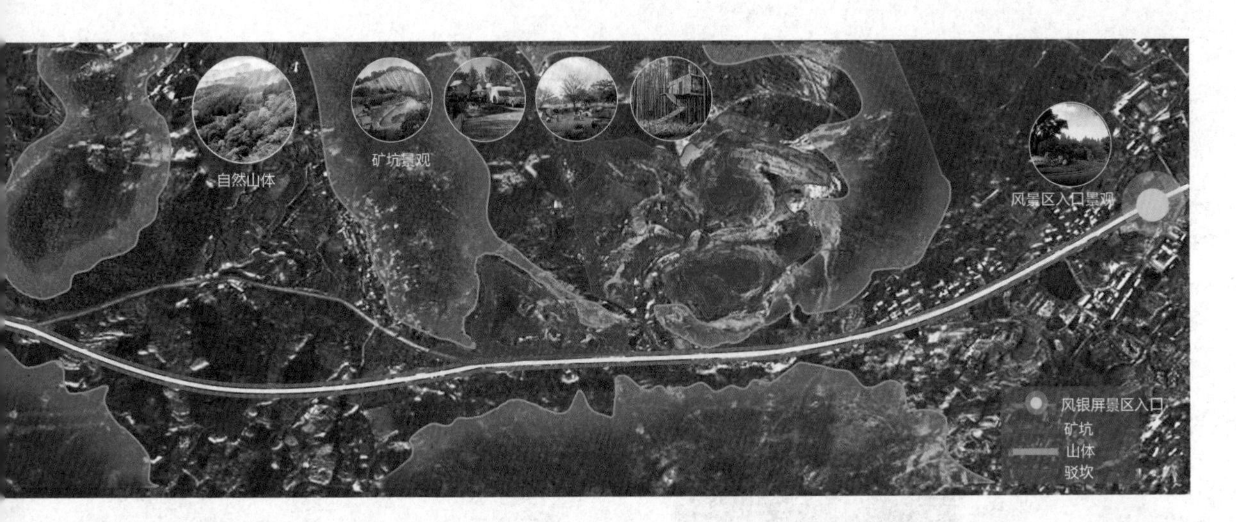

图 4－25　K15—K18 千峰万仞景观类型分析

（5）景观策略：分析以上现状特征，改造面临着很多挑战，如道路镶嵌于山体之间，路基的挖掘使得道路两侧高陡、边坡林立，土石不稳定，存在泥石流、乱石滚落的安全隐患；采石场内堆砌大量废石和碎石渣，周边植被遭受破坏。但同时废弃矿坑为规划设计提供机遇，将其保护利用，依托起伏的山体绿色大环境，提升环境的同时可发展特色旅游业，带动经济的发展（见图 4-25）。

具体景观设计中，将废弃矿坑改造为兼具养生、运动、探险、露营、娱乐体验性的矿坑公园。景观改造加减法并用：清理杂乱废弃的碎石渣，将地势较低的坑洼地改造为浅水滩；对裸露地表进行覆绿处理；保留石质鲜明美观的岩壁，作为场地记忆景观；利用场地特殊的地形，可发展露营、环山骑行、攀岩等活动。在路域视野较好的山体点缀色叶树种，增加道路沿线的观赏性。对于基地两侧驳坎进行生态绿化，作为景观营造的载体。同时该段内银屏山风景区入口位于交叉口，对此进行精细化的景观设计，作为道路的景观节点，丰富路域景观。

4.5.3.3　道路沿线绿化

区段山体特色鲜明，同时沿线地形变化较大，道路镶嵌山间，部分路基与山体相切形成驳坎景观。路域沿线有远观山势、近看其质的视觉感受。

山体绿化中，沿线点缀色叶树种，丰富景观感受；对矿坑公园进行生态覆绿，以下层为主，同时注重乔灌草的搭配。树种建议：马尾松、榉树、马褂木、乌桕、无患子、槭树、枫香、黄山栾树、大叶茶、黄连木、水杉。

道路沿线驳坎绿化中，路基与两侧地形形成高差不等的驳坎，植物种植注重生态固土护坡，保证道路安全性的同时营造可观的路域绿化。植物可选根系发达、耐旱的草本、花灌木。植物建议：酸枣、胡枝子、紫穗槐、大花马齿苋、小冠花、波斯菊、狗牙根、黑麦草等。

4.5.3.4 驳坎景观设计策略

(1) 成级跌落式驳坎

道路路基两侧形成成级跌落式驳坎，景观成级变化，立体性强，易于创造细腻而富于变化的景观。因此在护坡稳定的前提下，可种植花灌木、草本植物等，营造观赏性强的景观(图4-26)。

(2) 自然式驳坎

地基两侧地势较为平缓，道路两侧形成的自然式驳坎具有自然生态性、经济性；土壤表面植物披覆多，排水良好，不易造成滑坡。同时可利用基地原有的石材营造花境文化石景观(见图4-27)。

(3) 石质驳坎

驳坎两侧为矿石。景观处理时因地制宜，边坡稳定性好的地段可不作处理，展示当时地质特征；对于土石边坡的地段可披覆地被，增加驳坎的稳定性。对于较大的石材则通过石刻处理表达地域文化(见图4-28、29)。

图4-26 成级跌落式驳坎断面图

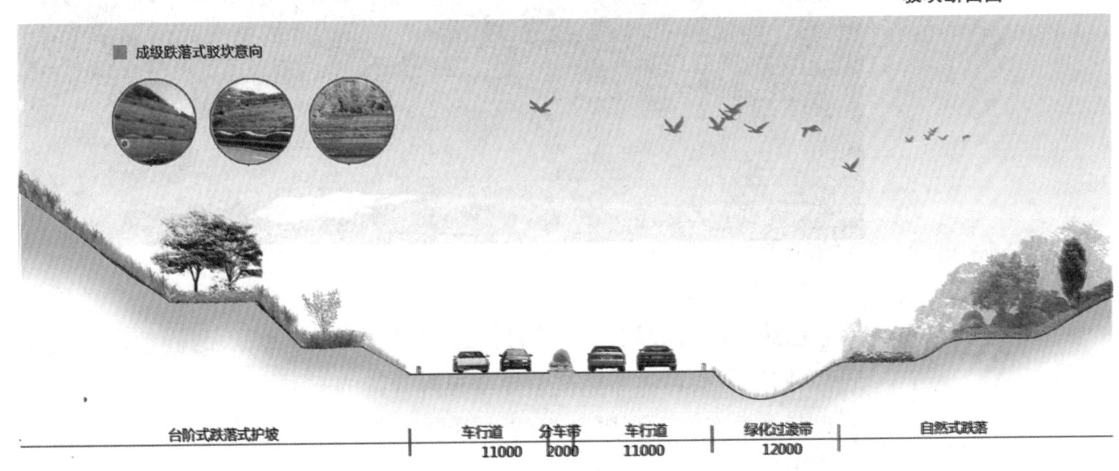

图4-27 自然式驳坎断面图

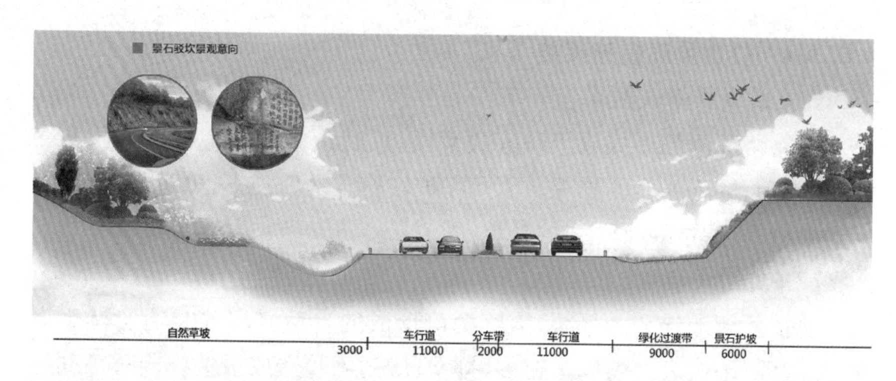

图 4-28 石质驳坎断面图

图 4-29 石质驳坎效果图

(4) 土质驳坎

道路一侧有驳坎,另一侧为较为平缓的植物景观,两侧地形高度不同,人们的视线自然而然被引导至视野开阔的一侧。因此,该类型的驳坎景观营造重点在于视野开阔的一侧景观呈现,同时道路另一侧以生态性驳坎为佳(见图 4-30、31)。

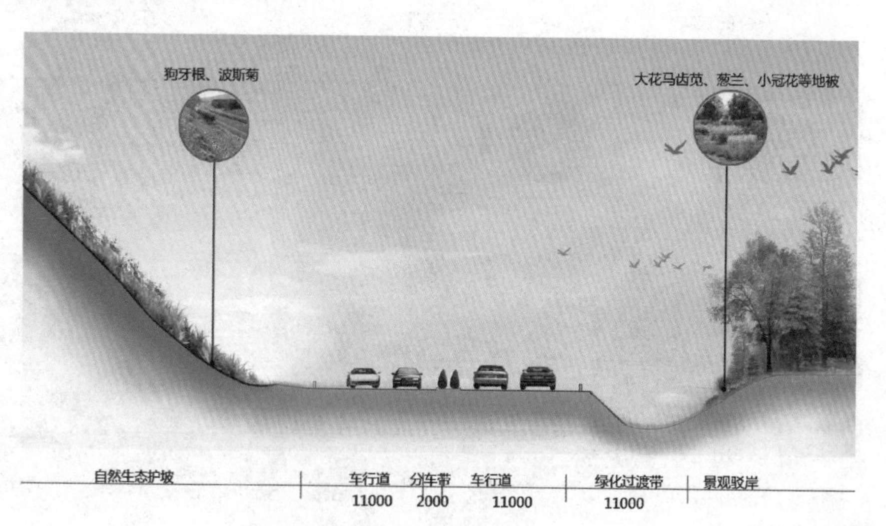

图 4-30 土质驳坎断面图

图 4-31 土质驳坎效果图

4.5.3.5 银屏山风景区入口

银屏山作为巢湖境内第一高峰，是国家 3A 级景区，位于省道 S316 巢湖路南 3 km 左右。该节点位于银屏，周边有中村、项山村、项山小学等。该节点入口为巢湖路通往银屏山的主要入口。S316 路段银屏山入口景观的设置，可以引导更多的人去往银屏山，成为风景区与道路之间的一个桥梁，带动周边联动开发。

牡丹，作为“天下第一奇花”，被世人所熟知。牡丹，银屏山的一大“花宝”，现提取这一元素，作为路口的标志性雕塑，将意识层面的文化实体化、物质化，可为大众所熟知理解。银屏山盛产景观石，可就地取材，利用本土的材料以及乡土的树种，将银屏奇石运用于造景当中，体现出景观的生态性与生态格局的连续性，维持景观的可持续发展(见图 4-32、33)。

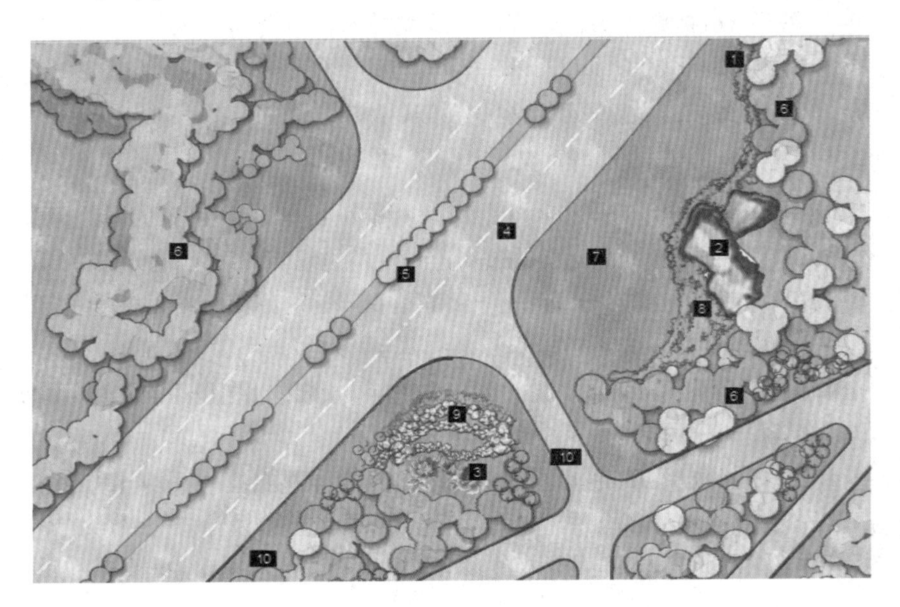

图 4-32 银屏山风景区入口平面图

图 4-33　银屏山风景区入口效果图

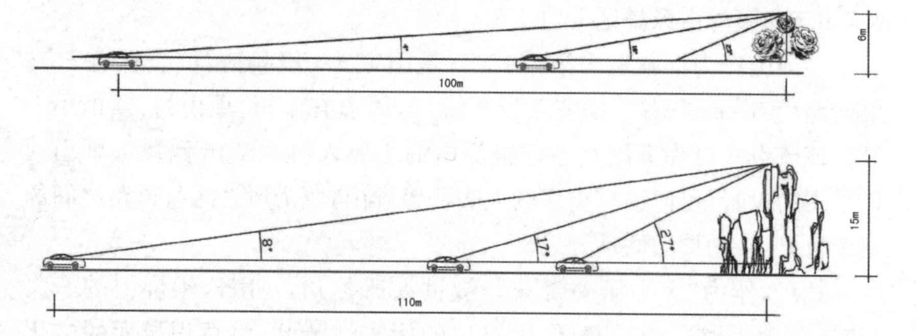

图 4-34　牡丹雕塑最佳视距分析图

图 4-35　银屏奇石最佳视距分析图

雕塑的位置、角度、高度是根据 S316 巢湖路的车流、车行方向以及车行距离来确定的。雕塑的设置，一方面是为了更好地引导人们去往银屏山，另一方面，也可以考虑到不同车行方向的车辆。银屏奇石高 15 m，主要引导银屏山风景区入口一侧的车流，奇石与该车道最小观察距离在 30 m，在 110 m 的距离内可以完整看清楚雕塑。牡丹雕塑高 5～6 m，主要引导银屏山风景区入口反向的车流，与该车道最小观察距离为 38 m，在 100 m 的距离内可以完整看清楚雕塑(见图 4-34、35)。

4.5.3.6　矿坑公园

矿坑公园位于道路一侧，巢湖市散兵镇项山学校与张家大村之间。作为该道路重要的景观节点，通过周边景观的组织与收纳，并融合农家乐体验、房车露营、徒步旅行、环山骑行、攀岩探险、娱乐赏景、矿坑体验等活动内容，使之成为一个可游、可观、可体验的多功能生态乡野矿坑公园。同时作为道路沿线景观的驿站，多功能的公园景观，为路上开车疲惫的人群提供轻松休闲的绿色环境。

矿坑现状分析：矿坑遗迹现状地形复杂，有碎石坑地、断面岩壁、自然起伏的山体、水坑、菜畦、平地等，还有若干民居建筑；另外各个区域矿坑断面坡度与稳定性也不一。因此，不同地质、不同地形以及原有作业路

图 4-36 矿坑公园现状地形

对于矿坑公园景观的形成以及活动的设置、公园建设成本有着重要的影响(见图 4-36)。

原有路径:矿坑内部碎石较多,采石作业留下的道路杂乱,不成系统。其中,有一条主要道路、若干小路。设计时采取保留原有主要道路,依据地形、观景的需要进行完善道路系统。

山体:未开采的山体具有旷野的山林气息。设计时考虑设置林间小径以及休憩亭,让人们在森林氧吧中畅游。

矿坑地:矿坑内部地形复杂,起伏变化较大。依据坑地的高差不同,有深坑地和平缓坑地。设计中采用因地制宜的原则,利用适量挖掘深坑地营造水景,同时截留收集雨水,加以循环利用。对于较为平缓的坑地,可清理地面碎石渣,绿化处理或者平整处理作为游憩、娱乐活动如休憩平台、攀岩等的场地。

自然平地:自然平地中有菜畦、池塘、若干居民建筑。可将民居建筑改造为游客服务中心以及农家体验场所,周边设置房车露营区、烧烤区、帐篷露营区、露天电影区等。

矿坑公园规划设计(见图 4-37):功能分为中心露营活动区、东部生态运动区、西部矿坑体验区、农趣休闲区(见图 4-38)。园路的设置主要

图 4-37 矿坑公园平面图

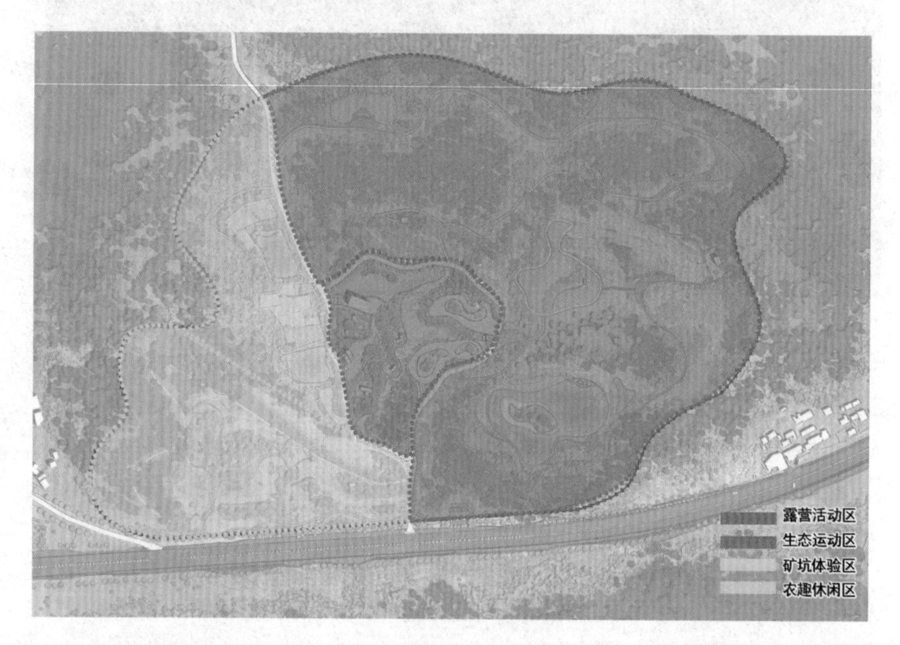

图 4-38 矿坑公园功能分区

结合矿坑原有地形，避免大规模动土导致路基不稳。同时也结合矿坑肌理的呈现以及观景视域的旷奥变化设置游憩小路，引导富于变化的游览观景体验。道路系统特别设置了环山骑行道以及攀岩建议路线，倡导运动健身的生活理念，也为运动探险爱好者带来极致体验(见图 4-39)。

公园开发时序：矿坑公园定位于道路一侧，采矿遗迹嵌于山体之间。矿坑断面呈现大尺度精美的矿石肌理，并且在“千峰万仞”的绿色大背景下形成鲜明的对比。矿坑地势低洼，可因势造就浅水滩景观。山体周边也分布着大小不一的池塘。矿坑、山、水三个景观要素相辅相成，囊括了较大面积，不可分割，同时从长远的土地利用经济效益、市场导向出发，考虑公园建设分时序进行开发(见图 4-40、表 4-9)。

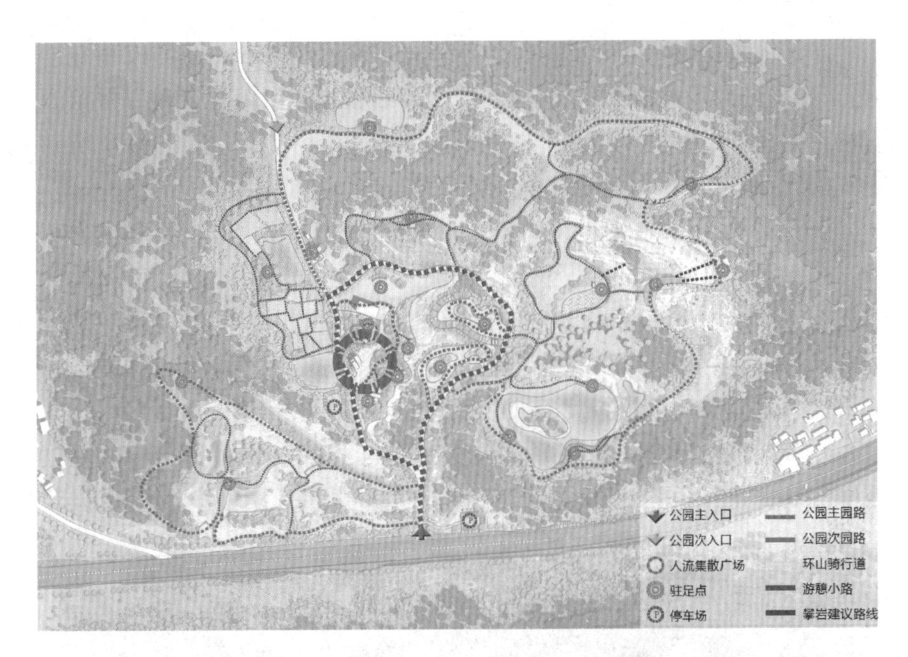

图 4-39 矿坑公园交通分析

图 4-40 矿坑公园开发时序

表 4-9 矿坑公园开发时序

开发时序	场地概况	面积	发展定位	活动类型
近期	紧邻道路一侧，矿坑断面景观鲜明	约 11.3 hm^2	矿坑体验、露营活动休闲娱乐	矿石肌理观赏、云梯体验、房车露营、烧烤、露天电影、环山骑行、木屋休闲
远期	囊括大面积山体矿坑，在山野中，有青山、有碧水	约 33.3 hm^2	生态养生、探险运动	攀岩、垂钓、农趣体验、生态氧吧

矿坑体验区：公园基地位于道路一侧。采矿后原来山体形成垂直断面，采石场内形成高低不一的矿坑，留下碎石肌理。景观营造时以保留原有场地为主，改造为辅。在矿坑与山体间设置云梯、漫步道等，从矿坑游走到山间，游客可立体性观赏公园(见图 4-41、42)。

露营活动区：中心活动区为露营活动区，布置有骑行露营区、阳光草坪、林间小木屋、矿石岩壁、房车露营、游客服务中心、花境、帐篷露营、林下烧烤、观影大草坪(图 4-43、44)。

牡丹园：矿坑公园呼应“银屏牡丹传说”，在公园内设置牡丹园，同时也增加公园的场所精神。牡丹园主片区设置在矿坑公园中心，并在公园的各个分区散植牡丹。利用矿坑平地以及矿坑山体种植牡丹花卉，并在其中配以文化石景、牡丹仙子雕塑、牡丹照壁、牡丹亭、牡丹文化廊等，营

图 4-41　矿坑体验区平面图

图 4-42　矿坑体验区效果图

图 4-43 露营活动区平面图

图 4-44 露营活动区效果图

造一种"花海融春、古韵流芳""牡丹在矿山中"的美丽乡野景观。牡丹园在植物配置上，采用牡丹与乔木结合的方式，并从花色、花型、叶型、花期上丰富种类，采用点、线、面的空间形式营造"色、香、味、韵"各不相同的赏花空间。

4.5.4 K18—K22 乡村聚落

本区段沿路域两侧拥有广袤的农田，聚集的村庄人家，视域开阔，景观优美。但是老路改线，新老路交汇，高架桥、水泥厂等人工设施在一定程度上破坏了大的乡村聚落景观，设计以保留提升大的乡村聚落环境背景为前提，利用合理科学的植物配置削弱道路工程设施的人工痕迹，使之与大环境形成一种对比；同时在道路两侧的农田点缀乡土树种花卉，为该区域营造一个视域开阔又富有变化的村落农田景观。

图 4-45 K18—K22 乡村聚落现状照片

4.5.4.1 区段概况与景观策略

该段的自然环境开阔,以广袤农田为主,集散的村庄遍布于山脚下,呈现乡村聚落的大环境背景。场地由于道路改线,道路沿线呈现丰富的景观视点。且新老路存在多个交汇点、高架桥等人工设施,对自然肌理破坏较大,人工痕迹与自然环境相冲突。区段两侧的建筑风格不统一,传统民居、现代小区、以水泥厂为代表的工业厂房均在此分布,视觉混乱(见图 4-45)。

本区段上有 3 个设计节点:K20 段道路交叉路口(新规划 S316 K20 段与原 S316 汇路口)、K19—K20 段农田景观设计(视域 30 m 内)、K22 段交叉路口(新规划 S316 K22 段与原 S316 互通)。

道路沿线附近利用植物配置削弱道路工程设施的人工痕迹:

① 高架桥处视点较高,视域范围广阔,该处利用植物配置的疏密相间,屏蔽冲突的视觉点,而在外域环境优美的地方流出透景线,将自然乡村聚落风貌纳入视线范围。

② 对于离道路较近的工厂建筑,采用植物围合屏蔽的方式,利用植物天然的立面削弱工厂建筑对沿线风貌的影响。

③ 道路互通、交叉口由于道路改线造成破坏与人工痕迹较重,可通过植物自然群落的种植减弱人工影响,将路域附近的景观融入一个偏自然的环境(见图 4-46)。

图 4-46 K18—K22 乡村聚落景观策略图示

4.5.4.2 中材水泥厂道路交叉口设计

2013年1月31日合肥市交通运输局在巢湖市组织召开了本项目中材水泥厂路段的方案审查，考虑少占地、保护农田，方便公路两侧沟通，避免切割水系，避免造成水泥厂停产等因素，终推荐采用高架桥方案。此节点为立体交叉路，因此对整条规划道路的自然肌理破坏较大，人工痕迹与自然环境存在一定的矛盾。高架桥本身具有视点较高、视域广阔的优势，可以通过疏密相间的合理科学的植物配置，屏蔽视觉冲击点，给外域环境优美的地方留出透景线，将该区段的自然乡村聚落风貌纳入视线范围内。(见图4-47、48)

在植物配置上，上层主要有水杉、香樟、杨柳搭配色叶树种乌柏和乡土树种紫花泡桐、红花槐、苦楝、杨树，中层有桂花、紫叶李、纹母、决明，下层种植一些宿根花卉如二月兰、紫花地丁和沿阶草，通过植物自然群落的种植形成一道天然屏障，减弱因水泥厂带来的视觉冲击。

4.5.4.3 王家岗—渔塘村段农田景观设计

通过巢湖地区的乡土树种、花卉点缀于规划道路区段两侧的农田，丰富农田景观与道路视域景观，形成乡野趣味十足的乡村聚落景观。基础树种构成农田肌理基底，以巢湖地区乡土经济树种为主。选用树种为杨树、泡桐、朴树和枇杷。观花树种分布于道路与村落之间，丰富道路景观视线，选择具有乡土风味和经济价值的开花果树。选用树种为桃和石榴。

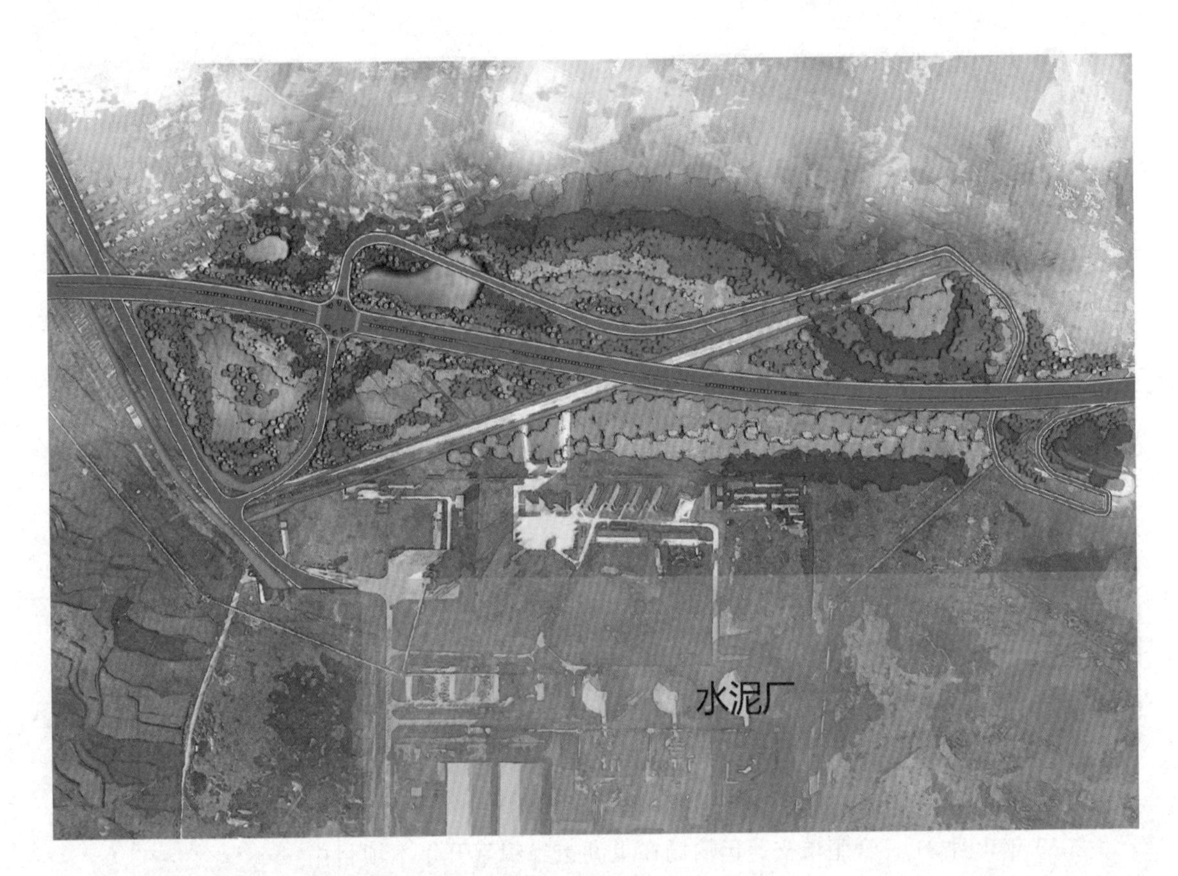

图 4-47　中材水泥厂道路交叉口平面设计

图 4-48　中材水泥厂道路交叉口效果图

骨干树种丰富农田肌理，构成农田风貌骨架，以乡土经济树种为主。选用树种为杨树、泡桐、朴树和枇杷。乡野花卉分布道路两侧，与农田斑块共同构成乡野趣味，以生命力强的宿根花卉为主。选用野百合、桔梗花和紫

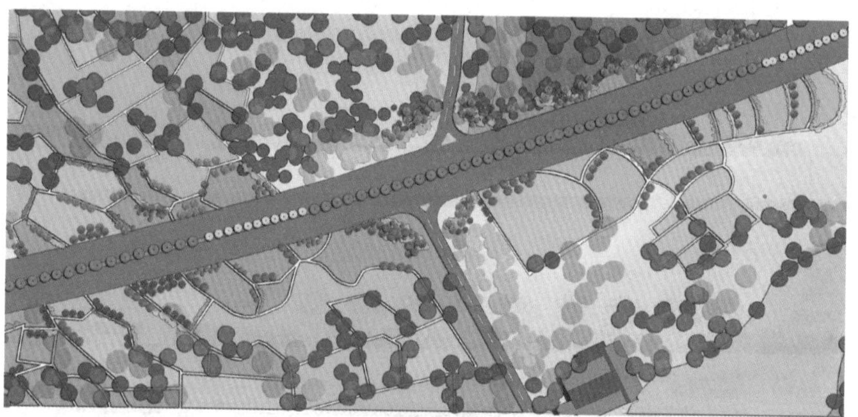
图 4-49 王家岗—渔塘村段平面设计

图 4-50 王家岗—渔塘村段效果图

茉莉。此外，再增加一些季节性观赏性经济作物。选用品种为油菜和水稻(见图 4-49、50)。

此段道路中分带设计中，规划设计两类标段。标段一依据时速 80 km/h 决定中分带的植物种植节奏——20 m 品字型种植的蜀桧、100 m 的红叶石楠、金森女贞与小乔木槿；标段二依据时速 80 km/h 决定中分带植物节奏——70 m 的紫叶李与海桐球间隔种植，30 m 红叶石楠、30 m 金森女贞。以经济、易修剪、安全性原则为前提，蜀桧与木槿密集种植、紫叶李与海桐球密集栽植，均可防眩晕(见图 4-51)。

4.5.4.4 岭村段道路交叉口设计

此处为本次设计路段结尾，是原有 S316 与新规划 S316 交汇的交通节点，此处景观通过植物群落的组织，减弱该处过重的人工痕迹。在植物配置上，上层主要有水杉和秋色叶树种乌柏，中层有香樟、桂花与碧桃，下

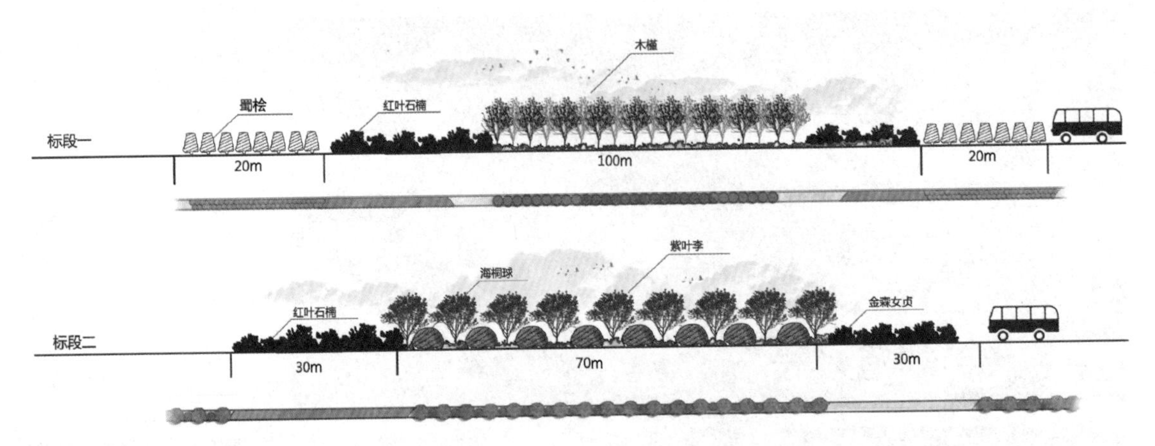

图 4-51 王家岗—渔塘村段标准段设计

层种植红王子锦带、大花栀子、金丝桃等易管理的乡土树种，结构简单，层次分明。自然式的植物序列设计使得这片地方野趣十足，层次、色彩丰富，形成了富有生机的自然景象（见图 4-52、53）。

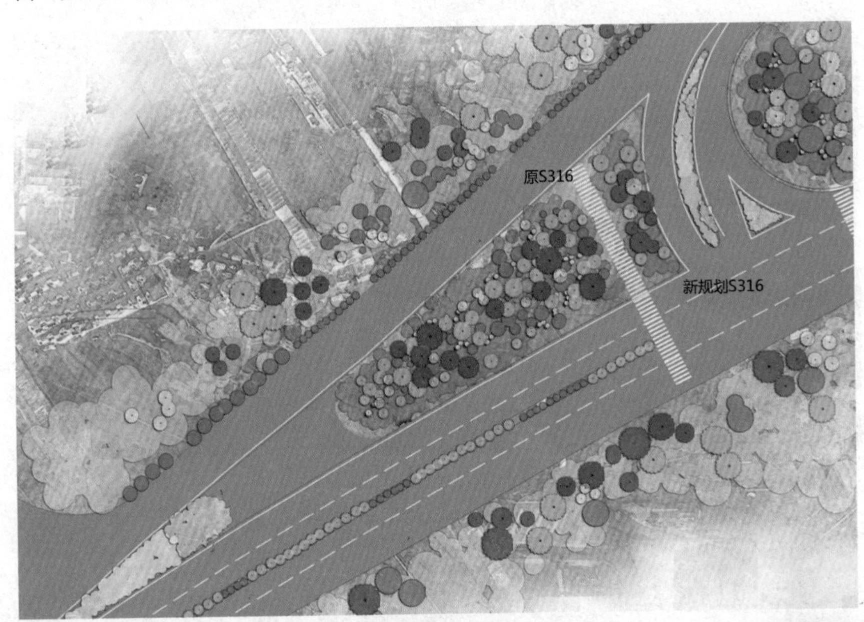

图 4-52 佛岭村段道路交叉口平面设计

图 4-53 佛岭村段道路交叉口效果图

4.6 基于地域特色的S316巢湖段专项景观规划设计

4.6.1 道路沿线植物配置

(1) 植物设计原则

① 植物形态的选择以自然式种植为主，错植、混播不同种类与层次的树种，减少人工化、城市化，突出野趣，避免大面积成行成列种植，低修剪，低养护。

② 大部分植栽选择本地乡土树种，因为其不但适应力强，且能反映地方特色，也符合生态性。少数植物品种可引用外地品种，尤其是已被高度驯化的种类。重点植栽可根据所需效果选择特殊品种。

③ 混植常绿与落叶树种，以此创造季节变化的景观趣味，尤其是运用不同季节开花及树叶变色的树种相配合。

④ 结合原有水系进行绿化。水域区应种植适合水岸环境且能烘托水景的植物。紧临自然式水岸处应栽植水生植物(挺水或浮水)，可以创造另一种幸福、生态的景观。

⑤ 设计有层次的乔木、灌木、地被、草花与草皮等，创造丰富的空间层次。

(2) 植物设计定位

植物选择姿态优美，树冠饱满的乔木，营造自然、野趣的道路景观。以“自然生态景观”为特征，绿化植物选择体现“乡土、野趣”，兼顾了生态、景观和经济的多元功能。在植物的选择上，仿自然式植物群落注重生态因子和景观效益的结合。如:绿化树种色彩丰富;观花、观果和彩叶植物应用适当，充分发挥树木观花、耐阴、蜜源、保健、招鸟、杀菌等功能，最大限度地满足人们回归自然的愿望，创造良好环境陶冶人们的情操，提高生活环境的舒适度。

(3) 植物设计策略(表 4-10)

① 浅草溪流、湖光山色植物设计策略:此路段植物种植围绕“水”展开，以观花、色叶树种和水生植物为特色，沿溪水种植樱花、玉兰，布置落花景观，与溪水的动态景观相呼应。下木采用当地丰富的草花，吸引游客走近“花溪”。并借原有水库、绿化驳岸配置水杉、落羽松等耐水湿树种，营造出水边碧草、绿叶，水中蓝天、白云的安逸景象(见图 4-54)。

② 田园农居植物设计策略:以乡土、农田风貌为主的景观，使人走进自然，春看桃花和油菜花，秋看金灿灿的稻子(见图 4-55)。

表 4-10 植物设计策略总述

路段	主要观赏元素	种植策略	主要树种
K9—K12 (S208 湖光南路—屏峰水库)	绿＋水＝浅水溪流 & 湖光山色	沿溪流自然式种植，结合水生植物，体现自然野趣，注重树种季相变化，适当行列式种植，湖中倒影，水天相接	水杉、樱花、玉兰、乌桕、樟树、银杏、蕉草、千屈草、红蓼等
K12—K15 (屏峰水库—项山小学)	绿＋田＝田园农居	斑块式农田搭配点植，使游客体验农家乐趣，春看桃花和油菜，秋看稻谷果累累	桃树、梨树、杏、油菜、水稻、野燕麦、蛇莓等
K15—K18 (项山小学—中材水泥厂)	绿＋山＝千峰万仞	由于道路的建设，导致山体严重损坏，形成了许多自然式驳坎，做好山体复绿，以下木为主，注重乔灌草分层搭配	臭椿、马尾松、酸枣、胡枝子、紫穗槐、黑麦草等
K18—K22 (中材水泥厂—佛岭村)	绿＋山＝千峰万仞	斑块式农田种植搭配点植，利用上木屏障受损山体。互通段受水泥厂污染严重，拟自然种植以形成天然屏障并留出透景线	泡桐、水杉、香樟、榆树、柿树、乌桕、重阳木、枣树、诸葛菜等

图 4-54 浅草溪流、湖光山色植物设计图示

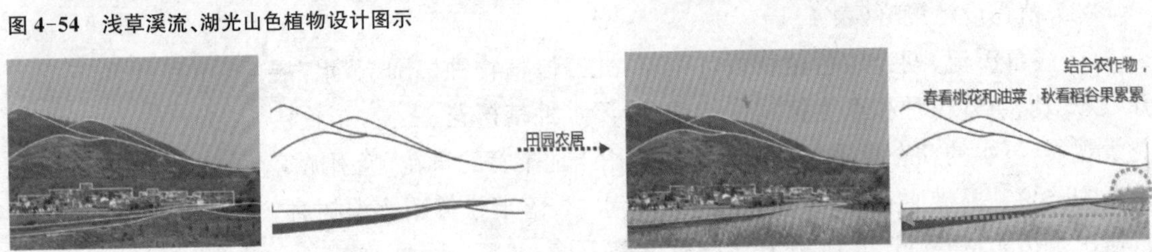

图 4-55 田园农居植物设计图示

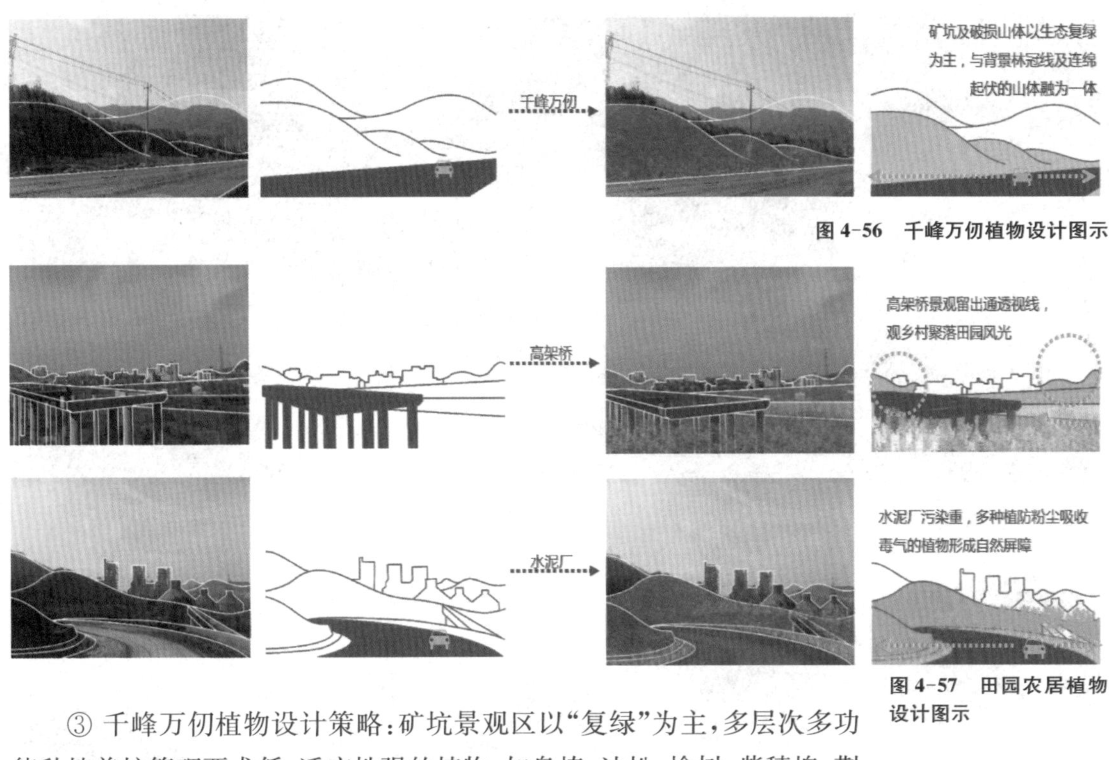

图 4-56 千峰万仞植物设计图示

图 4-57 田园农居植物设计图示

③ 千峰万仞植物设计策略：矿坑景观区以“复绿”为主，多层次多功能种植养护管理要求低、适应性强的植物，如臭椿、油松、榆树、紫穗槐、荆条、酸枣、火炬等。本着“先绿化，后美化”的原则，因地制宜、适地适树，宜林则林、宜藤则藤、宜草则草(见图 4-56)。

④ 乡村聚落植物设计策略：以高架桥、水泥厂两个地段为重难点。高架桥俯视景观要满足视线通透，种植耐阴，耐贫瘠植物如雪松、香樟；水泥厂污染严重，种植吸收有毒气体和滞积灰尘，如乌桕、柿树、枇杷等(见图 4-57)。

(4) 路域绿化

路域绿化形式主要分为密布列植、疏透列植、群落式种植、点植和彩叶密林。道路沿线绿化种植形式根据路域视线的开阔与闭合变化、重要节点的位置来确定(见图 4-58)。

① 密布列植　障景、峰回路转，落叶树与常绿树搭配使道路绿化既有季相变化，又保持绿量。在道路沿线景观不佳以及视线封闭处密布列植行道树，既可障景，又可营造峰回路转、豁然开朗的景观效果(见图 4-59)。

② 疏透列植　展示地域自然人文特色，种植单排行道树，在道路视域开阔区段，前景或为农田景观，或为村落景观。沿线植物疏透种植，留出足够的透景空间，充分展示地域自然特征，突出区段景观特色(见图 4-60)。

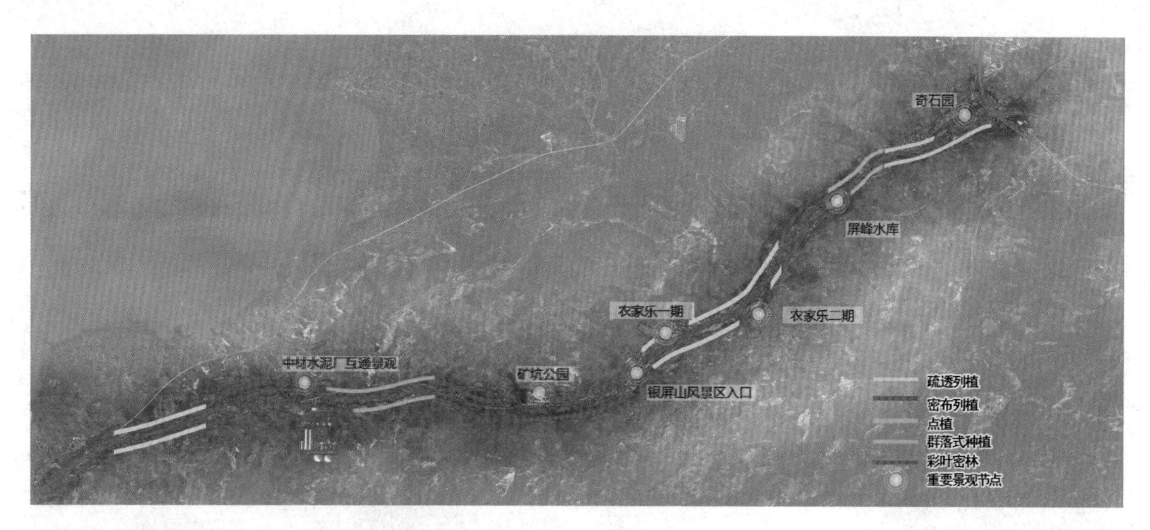

图 4-58　路域绿化总体规划

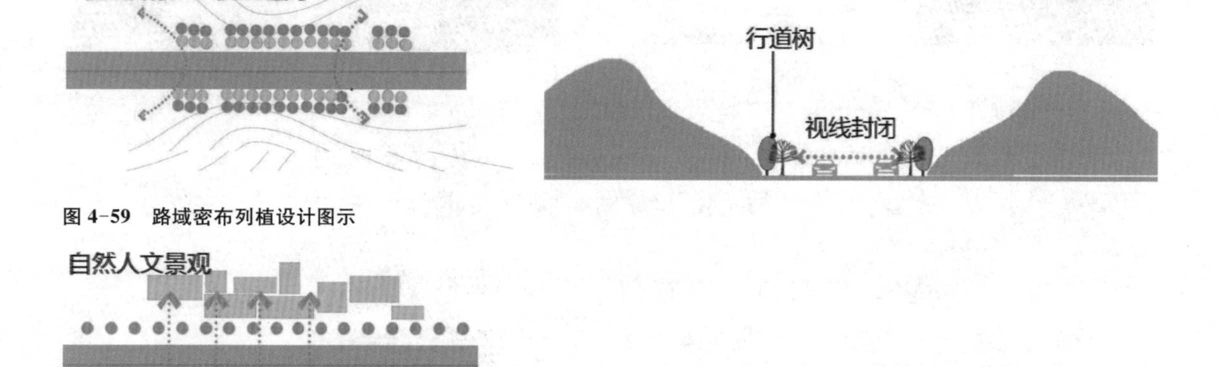

图 4-59　路域密布列植设计图示

图 4-60　路域疏透列植设计图示

③ 群落式种植　群落式种植以地被植物、多年生花卉、灌木及群植乔木结合，形成有层次的植物群落景观。并采用落叶树种与常绿树种构成一定的比例自然混栽。群落式种植旨在营造原汁原味的乡野生态景观（见图 4-61）。

④ 点植　节奏变化、景观点缀，在屏峰小学至屏峰水库沿线序列性散点种植观叶、观花树种，增加路域绿化景观的韵律，提升路域景观视觉效果（见图 4-62）。

⑤ 彩叶密林　以“势”造景，在银屏、项山村一带山体较高、山势延绵。因地制宜，在山上种植彩叶密林，以势造景，在路域形成特色景观林。（见图 4-63）。

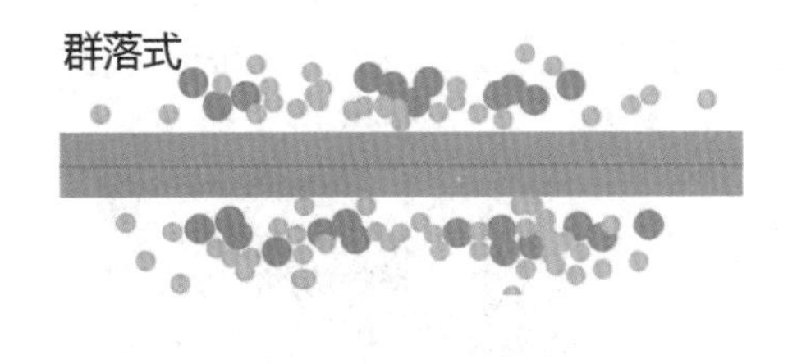

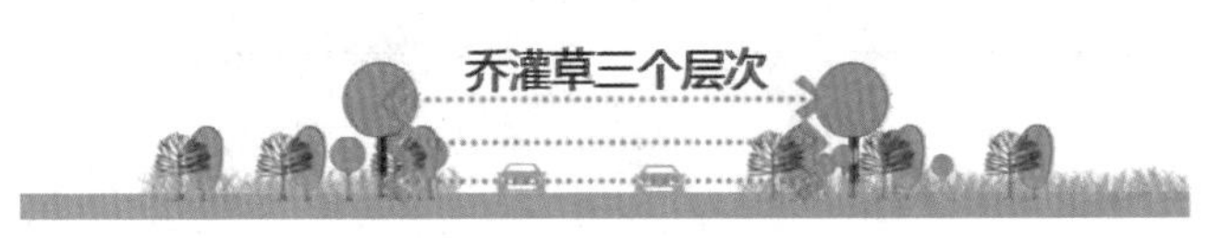

图4-61 路域群落式种植设计图示

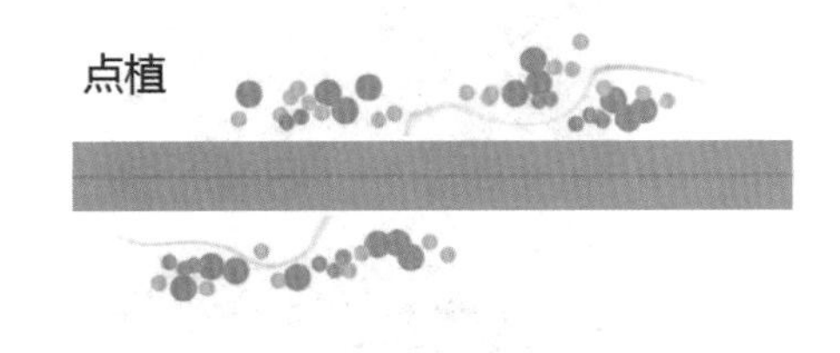

图4-62 路域点植设计图示

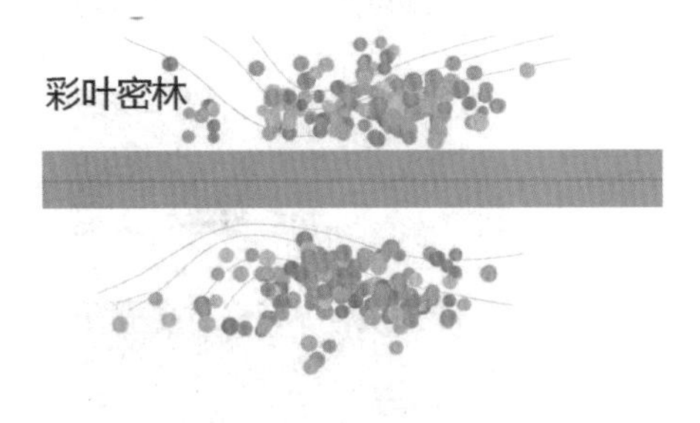

图4-63 路域彩叶密林设计图示

(5) 主要边坡绿化技术

表4-11 主要边坡绿化技术

绿化技术	做法	图示
攀援植物边坡防护技术	在路堑边坡下碎落处栽植攀援植物,植物沿坡面上爬,并覆盖坡面	
岩石边坡TBS植被护坡绿化技术	以水为载体,通过专门的喷播机械将调配好的水、草种、肥料、土壤稳定剂等由喷射泵喷附在土壤表面	
复合绿生肥料附着袋技术	使用经改进的混凝土喷射机将搅拌均匀的厚层基层混合物,按设计的厚度喷射到岩石坡面上	
植生带防护技术	植生带是采用一定的加工工艺,将草种、肥料、保水剂等按一定的密度定植在可降解的无纺布上,形成一定规格的产品。先把植物种植在边坡上,然后把复合绿生肥料附着袋直接铺设在边坡上	

续表

绿化技术	做法	图示
液压喷播技术	其施工程序为：平整坡面—开挖沟槽—铺植生袋—覆土—撒水—养护	
三维植被网防护技术	在边坡表面覆盖一层土工合成材料并按一定的组合和间距种植多种植物，形成三维立体结构网垫。其施工程序为：铺种植土—播种植物—覆盖三维植被网	
钢筋混凝土框架与植被结合防护技术	在边坡上现浇钢筋混凝土框架或者将预制件铺设于坡面形成框架，在框架内回填客土并采取措施使客土固定在框架内，然后在框架内植草	
客土喷播技术	先清理边坡，然后挂网和打设锚杆，最后选用客土喷播机将配置好的高营养有机土喷射到岩石表面，自上而下分两次喷播	
混喷植草技术	首先在坡面打设锚杆并挂镀锌编制铁丝网，然后将由黏土、谷壳、锯末、水泥、复合肥及草木种子等通过一定配方拌和的混合物喷射在边坡上	
香根草生物边坡防护技术	以香根草为基本基础植物，配置当地相应植物，加上特殊的施工养护所形成的边坡防护技术	
植被混凝土护坡绿化技术	用锚杆固定岩体上的铁丝或塑料网，然后由喷锚设备把植被混凝土原料喷射到岩石坡面，最后铺盖无纺布防晒保墒	
干根网状护坡技术	在坡面上挖方格网或菱形网，将干材埋入土中，使干材梢或其他部分间段暴露，暴露的部分萌芽成林	
人造植物盆绿化技术	在微凹地形，回填客土并加入保水剂，然后栽植灌木、爬藤等植物	
穴植营养钵技术	在坡面挖种植穴或种植槽，然后栽种植物营养钵苗	
撒播、沟播	直接撒种或者人工开挖行沟之后散播	

续表

绿化技术	做法	图示
土工格室植草防护技术	土工格室主要由PE、PP材料经过加工形成立体格室。其施工工艺为：土工格室—填充种植土—播种植物	
OH液植草护坡绿化	通过专用机械将新型化工产品OH液等与水按一定比例稀释后和草籽一起喷洒于坡面，使之在极短时间内硬化，而达到植草初期边坡防护目的	
人工栽植	人工直接栽植苗木	
铺草皮	清理场地，铺草皮	

4.6.2 山体修复

S316道路两边山体较多，部分山体破损，要使山体边坡的防护功能与美化自然环境的目的相结合，以形成良好的破损山体边坡植物防护体系。破损山体的边坡多是以草为主，但山体边坡单一种植草本易出现退化，故需要利用山体护坡的土石方工程与植物配置相结合，山体整地方式和边坡修复技术相结合，对破损山体进行防护和绿化。主要工程修复方式如下：

(1) 台地续坡　即利用山石本身的重力，使大小、形态各异的自然山石作为挡土构件，来围挡山坡土体的护坡形式。可适用于各类边坡和多种坡度，依山势围砌成若干层台地或围砌树穴，填覆种植土1～1.2 m，然后种植绿化苗木。这种护坡形式灵活多变，简单稳固，能体现自然山体的风貌特色，也能有效地节约建设成本。

坡度较缓且土壤情况相对较好，一般坡面小于45°，陡度小，平均坡长26 m，地表平缓起伏小的土质边坡可以采用台地续坡的修复方式。具体修复步骤为：首先依山势用假山石砌筑二层或者三层的高度，利用石头本身的重量做山体的挡土墙，假山石要高低错落、进出对比；然后进行渣土分层压实，再回填种植土，土层厚度根据植物不同一般控制在0.6～1.5 m；然后进行绿化苗木的种植(如图4-64)。

(2) 爆破削坡砌台　即对山体进行削坡砌台处理的修复方式，主要针对山体破损面较陡，平面腹地较小，顶层缺乏绿化种植条件的山体。在山体排险进行爆破作业，将边坡的倾斜角度修整为70°以内，做出4～8 m的平台宽度，再回填种植土进行绿化。

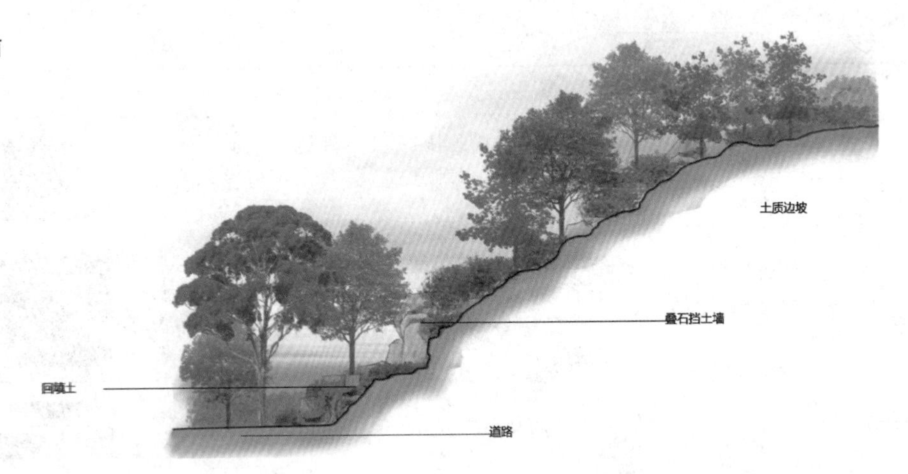

图 4-64 台地续坡断面图示

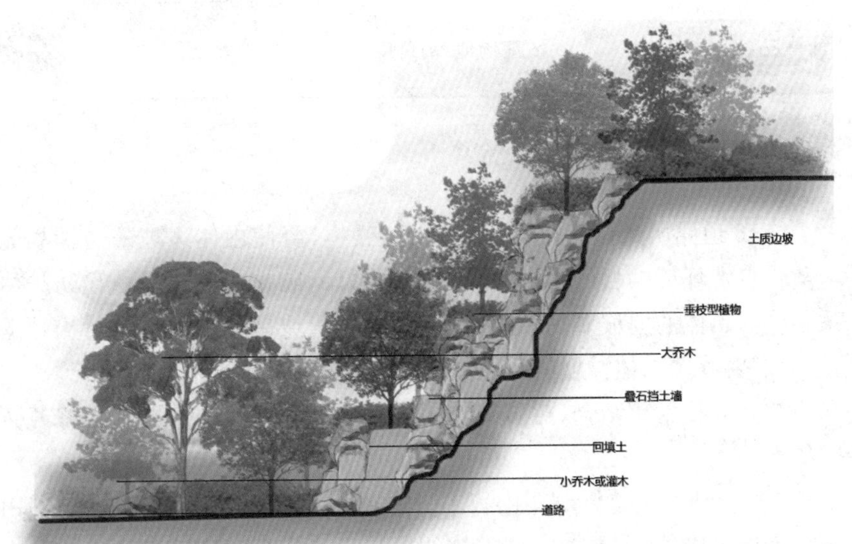

图 4-65 削坡砌台断面图示

对较陡的土质边坡，可以采用削坡法首先对边坡进行整地的土石方工程。如山坡 45°左右，坡向西，土壤机质较厚，较为肥沃，可采用“削上角，填坡脚”的修复方法，通过土方搬运将坡顶的土消除并填到坡下部，创造缓坡地形，在土坡的中下部用假山石叠砌挡土墙，回填种植土后栽植植被。

对于较陡的坡面则应当采用消坡砌台的工程修复方式，塑造合适的地形后再进行绿化。山体破损面较陡，坡前的平面部分面积也较小，需要对顶部山体爆破作业，进行分层消坡，从而将边坡倾斜角度修整到 70°以内，在没有绿化种植的条件下需对顶部山体砌台处理，台面宽度为 4～8 m，再回填种植土进行绿化（见图 4-65）。

5 江苏临海地区高等级公路景观地域性规划设计研究

5.1 江苏临海地区高等级公路景观地域性规划设计现状

5.1.1 地区概况

5.1.1.1 江苏沿海地区

江苏沿海经济区位于我国中部沿海地区，是我国沿海、沿江、沿陇海线生产力布局主轴线的交汇区域。南部毗邻我国最大的经济中心——上海，长江三角洲重要的中心城市；北部拥有新亚欧大陆桥桥头堡之一的连云港，陇海—兰新地区的重要出海门户；东与日本、韩国隔海相望。主要包括连云港、盐城和南通三个城市。2009 年 6 月 10 日，国务院常务委员会审议并原则通过了《江苏沿海地区发展规划》，这标志着江苏沿海发展战略已正式上升为国家战略。同时，会议还明确指出：要将江苏沿海地区建设成为我国东部地区重要的经济增长极。南通、盐城、连云港这三个中心城市，也将成为江苏省集中布局临港产业、形成功能清晰的沿海产业和城镇带的“桥头堡”。

1）自然环境状况

江苏沿海地区地处我国沿海的中北部西太平洋沿岸地带的中心，地理坐标为北纬 31°～35°与东经 118°～122°，面积约 3.2 万 km^2。苏北灌溉总渠将该区域分为暖温带和北亚热带两个生物气候带，属湿润季风区，年均气温 13～15 ℃，年均降水量为 850～1050 mm，具有气候温和、雨量适中、四季分明、适游期长的特点。地带性土壤，北部为棕壤，南部为黄棕壤，平原地区为非地带性的潮土、滨海盐土和冲积土等土类；地带性植被，从北部的落叶阔叶林向南逐渐演变为落叶阔叶与常绿阔叶混交林，平原地区普遍为栽培植物[60]。滩涂植被覆盖率高，工业污染较少，大气环境质量达到国家《大气环境质量标准》(GB 3095—2012)二级标准；淡水资源充足，海水温度和盐度适中，近岸海水基本符合《海水水质标准》(GB 3097—1997) Ⅰ类标准，有利于海盐生产和海水养殖。良好的自然生态条件为发展生态旅游及海滨度假、休闲旅游提供了良好的环境基础。

2）地域文化发展

江苏沿海海岸线变迁一直为周边先民们所关注。随着陆地平原的出现并适宜人类生存，他们先后迁移到这里开发沿海区域，进行有共同特色的文化创造。依据对这一地区的考古调查、发掘报告和相关史料，6000多年以来主要有3次重要的开发活动。

第一次开发，新石器时代中晚期到夏代前期，距今6500～3800年左右。随着海岸线的逐步东移，来自山东地区的大汶口文化、龙山文化，江淮地区的青莲岗文化、龙虬庄文化，环太湖地区的马家浜文化、松泽文化、良渚文化以及属于黄河下游的河南龙山文化的先民先后迁徙到这一带进行开发，并产生文化交流。连云港市境内的大伊山、二涧村遗址，盐城市境内的梨园、东园、陆庄、陈集、开庄遗址，南通市境内的青墩、吉冈、南荡遗址等，是他们留下的可供参考的历史资料。经过发掘和研究得知，他们都以渔猎、农耕，以及蓄养家畜为主要开发内容。各种特征表明他们分别代表着当时文化发展的较高水平，其间有着一定的文化交流。十分可惜，这些遗址文化堆积大都较薄，距今3800年以后形成断层，说明当时生活在这一地区的人们遇到海浸或其他原因，不得已都离开了。

第二次开发，春秋战国开始到清末民初，经历了整个封建社会历史时期。距今3000年以后，当江苏沿海海岸线基本稳定在今204国道一线时，“煮海为盐”能富国强民已为争霸夺权的统治者所认识。《史记·货殖》中便有“东楚有海盐之饶”的记载。《汉书》记载着春秋时期吴王阖闾招募游民遣送囚犯到江苏沿海一带生产海盐；汉时吴王濞封侯于此，“煮海铸钱，富可敌国”，带头发动“八王之乱”。此后直到封建社会末期，不管朝代如何更替，这里一直是全国最重要的海盐生产基地。随着滩涂东迁，海盐生产日广，虽有一定的农耕、渔猎，但都是服从或补充于海盐生产，包括当地社会其他各项产业、设施发展都是建立在海盐产业发展的基础上。

第三次开发，开始于民国初年，延续至20世纪60年代初。江苏沿海的海盐生产到清乾隆年间进入鼎盛时期，随后因大海继续东移，卤水日淡，又遇上清末太平天国运动，长江水运受阻，海盐滞销，生产逐渐萎缩。以清末状元张謇为首的实业救国派，学习西方经济方式，在江苏沿海滩涂上开展废灶兴垦运动，大批盐民改为农民，并从各地招来擅长种棉花的农民，种植棉花，办纱厂。农耕逐渐占据主导地位，海盐产业仍是重要产业，渔业也有发展，其他各项社会事业迅速发展起来。

3）社会经济状况

从经济区位来说，江苏沿海地区南靠我国最大的都市上海和我省经济最发达的苏锡常地区，北临环渤海和胶东半岛经济区，处于南北方相对发达地区的辐射带动区。与江苏省以及中国东部沿海地区的平均经济水平相比，江苏沿海区域的经济发展水平较低，尤其是盐城市沿海经济发展相对缓慢，开发程度不深，生态环境良好，人类影响强度不大，这一切正是江苏沿海发展生态旅游业的后发优势。近年来，沿海地区经济思想认识已在不断深化，沿海经济结构不断优化，海洋基础设施不断改善，海洋经济总量也不断扩大。同时，该地区交通网正在得到逐步完善。公路建设方面，沿海高速连云港至盐城已经建成通车，加上徐盐、盐通和淮盐高速的相继建成，沿海的高速将全线贯通；在铁路建设方面，江苏在沿海将修建南通到上海的沪通铁路和盐城至连云港的连盐铁路；在港口建设方面，沿海的货物吞吐量已超亿吨。沿海交通的进一步提升，将有力地促进沿海地区经济开发。

4）城市概况

（1）南通　南通位于江苏省东部，长江入海口北岸，东濒黄海，面向上海与苏州、无锡、常州，背依广袤的苏北平原、素有“江海门户”之称。现辖四市、二县、三区，辖区总面积 8001 km^2，人口 785 万。

南通地处长江下游冲积平原，海洋性气候明显；集“黄金海岸”与“黄金水道”优势于一身，拥有长江岸线 226 km，全市海岸带面积 1.3 万 km^2，沿海滩涂 21 万 km^2，是中国沿海地区土地资源最丰富的地区之一。

南通以东夷文化为远源，以吴越文化为承续，南北融合，其中吴越文化居主导地位。近代文明文化发达，有“中国近代第一城”“近代文明试验地”之称。在中国近代文化科教史上，以创办第一所师范学校、第一座民间博物馆、第一所纺织学校、第一所刺绣学校、第一所中国人办的盲哑学校和第一所气象站等“七个第一”，而占有重要地位。南通除“教育之乡”外，还有“建筑之乡”“体育之乡”和“长寿之乡”的美誉。

南通以其独特区位及人文优势，形成了经济社会发展集纺织、建筑、教育、体育、文博之乡于一体的显著特色。近年来南通抢抓“沿海开发”和“长三角一体化”两大国家战略机遇，全市社会经济保持平稳较快协调发展。海洋工程、新能源、新材料等七大新兴产业发展势头良好，船舶、纺织服装等传统产业扩量提质。城际交通方面，苏通大桥于 2008 年建成，苏崇沪大通道于 2011 年 12 月全线贯通，大大缩短了南通至上海的交通距离及时间。

(2) 盐城　盐城位于江苏省中北部，长江三角洲北翼，是江苏省面积最大的地级市，市域面积 1.7 万 km^2；其中市辖区面积 1779 km^2，人口 166 万人。

盐城地处绿色的平原，绝大部分地区海拔不足 5 m，属于北亚热带气候向南暖温带气候过渡的地带，其自然资源丰富，拥有江苏省最长的海岸线、最大的沿海滩涂、最广的海域面积，同时也是丹顶鹤的家园、麋鹿的故乡，在沿海滩涂上建有麋鹿和丹顶鹤两个国家级自然保护区，被誉为"东方湿地之都"。

盐城具有 5000 多年历史文化，处于南方吴越文化和北方齐鲁文化的中间地带，在南北文化的影响下，盐城形成了独特的具有海洋文化特征的地域文化。如今，海盐白色文化、滩涂湿地绿色文化、铁军精神与传统的红色文化已成为具有盐城特色的主流文化。在传统主流文化的大背景下，还有许许多多丰富多彩、为老百姓喜闻乐见的民间文化、民间工艺，令盐城文化厚重而精彩。

作为长三角地区发展较快的新兴工商业城市，近年来，盐城市地区生产总值、人均生产总值、财政总收入都在逐年增加。以东风悦达起亚为代表的制造业、以海上风能利用为代表的新能源产业、以大丰港二期工程建设提升的服务功能，正成为盐城经济迅速发展的新标志。风电、汽车、环保、石油机械、节能电光源等产业在国内同行业中具有较强竞争力。交通建设方面，盐城现有大丰港(海港)和南洋国际机场(空港)两个国家一类开放口岸；境内贯穿盐靖、沈海、盐淮 3 条高速公路；新长铁路盐城站开通全国客货运，在江北已率先建成快速公交系统。

(3) 连云港　连云港地处中国东部沿海、江苏省北部，长江三角洲地区，古称"海州"。因面向连岛、背倚云台山，又因连云港港口得名连云港；其总面积7446 km^2，人口 510 万人。

连云港处于暖温带南部，受海洋的调节，气候类型为湿润的季风气候，冬季寒冷干燥，夏季高温多雨；地势自西北向东南倾斜，境内平原、海洋、高山齐全，河湖、丘陵、滩涂俱备，地貌基本分布为中部平原区，西部岗岭区和东部沿海区 3 大部分。连云港市自然资源丰富，其中，农业、海洋、矿产资源优势尤其明显。连云港是国家重要的粮棉油、林果、蔬菜等农副产品生产基地；拥有全国八大渔场之一的海州湾渔场、全国最大的紫菜养殖加工基地、河蟹育苗基地和对虾养殖基地；拥有全国六大磷矿之一的锦屏磷矿，东海县的金红石矿是目前国内发现的最大的金红石矿，其水晶质量、产量居全国之首，被国家工艺美术协会授予"中国水晶之都"称号。

连云港文化的古代远源为东夷文化，并深受北方齐鲁文化、西方楚汉文化、南方吴越文化的影响。连云港有"港城"之称，为适应国际性滨海城市发展需求，作为新兴海港城市的地域文化个性突出，在传承本土文化精髓、彰显地域文化特色的同时，凸显海纳百川、兼容并包的开放、多元、包容、创新的海洋文化特质。在山海文化特色打造上，依托古云台山"海中仙山"的神奇背景，依托《西游记》中花果山的名著背景，扬名山之灵气，展名山之文气。

以连云港为龙头的"江苏沿海地区发展规划"获国家批准后，其经济综合实力不断增强，地区生产总值、城市居民收入有显著提高。交通环境方面，以"新亚欧大陆桥"东桥头堡为标志，具有海运、陆运、空运立体结合优势。目前连云港港已跻身中国沿海十大海港之列；白塔埠机场达到国际 4D 级标准；作为国家规划建设公路主枢纽之一，境内高速公路密度居全国前列。

5.1.2　调查分析

20 世纪 90 年代初，江苏省规划制定了"四纵四横四联"高速公路网建设规划方案(1996—2020)，提出了建设"四纵四横四联"12 条主骨架公路，高速公路总里程约 3500 km，其中覆盖沿海地区的公路就达到 1/3。由此可见江苏沿海地区的公路在全省公路建设发展中有着重要的作用，但目前江苏沿海地区的公路景观效益并不突出，本文选取江苏沿海地区的 4 条高等级公路作了调查分析。

5.1.2.1　连盐高速公路

连盐高速公路全长 152 km，起自汾灌高速公路的终点灌云北互通，经灌云、灌南、响水、滨海、射阳，止于盐城市南洋镇。连盐高速公路沿线设服务区 4 处，互通式立交 9 处，与盐通高速公路、苏通大桥等连接，共同筑起苏北通向苏南和上海的快速通道，该公路的开通对于加快实施"海上苏东"战略，增强苏中、苏北接受上海和苏南辐射能力，促进区域共同发展，都将有极大的推动作用。连盐高速公路是我国规划的沿海大通道的重要组成部分，也是江苏"四纵四横四联"高速公路网主骨架"纵一"的北段，连盐高速公路的开通也是江苏省交通主格局实质性建设变化的开端。

综上所述，连盐高速公路的景观等级应为 A 级。设计师提炼连云港和盐城这两个城市各有的特色，确立连云港段以"西游文化"为主题，盐城段以"丹顶鹤文化"为主题。公路沿线的两侧以植物种植为主，主要通过借景和障景的方式展现农田景观、产业景观、鱼塘景观，一些路段营造湿地、滩涂的景观效果，植物设计选用当地乡土植物为主，突显四季常绿、三季有花的生态景观。

5.1.2.2 盐通高速公路

盐通高速公路是沿海高速在江苏省境内的重要路段，也是江苏省“四纵四横四联”高速公路主骨架中“纵一”的组成部分，路线全长 166.7 km，设计车速 120 km/h。盐通高速公路经大丰、东台、海安、如皋、通州 5 个县(市)，与通启高速公路南通北互通相接，为双向六车道。沿线设互通区 5 处，服务区 3 处(大丰服务区、东台服务区、如皋服务区)。沿线主要通过借景和障景的方式，以农田景观、城市景观、产业景观、防护林景观为主，并在重要节点如互通、房建区分布湿地、森林、草原、沙滩、湖面、丹顶鹤、白鹭、麋鹿等自然生态景观(如表 5-1)。其中，盐城段的大丰服务区和南通段的如皋服务区的地域性景观体现比较突出，景观等级为 A 级。

表 5-1 盐通高速重要节点景观地域性表达

重要节点	体现地域性的内容	景观属性
盐城东互通	营造的是疏林湿地、放飞丹顶鹤的景观	自然
开发区互通	营造的是沟壑溪流、密林丛生的景观	自然
大丰互通	营造的是麋鹿戏水、浅滩湿地、麋鹿追逐、密林丛生的景观	自然
大丰南互通	营造的是森林山地、湿地穿梭的景观	自然
东台互通	营造的是湖滨丛林、静水依依的景观	自然
大丰服务区	飞鸟象形建筑，搭配微型湿地景观	自然
东台服务区	营造的是自然丛林景观	自然
如皋服务区	景观体现铜钱、盆景、长寿的特色历史和地域文化	人文

盐城大丰市靠海，水系发达，区域内自然生态景观较美，资源丰富多彩，有湿地、滩涂、森林、草原、沙滩等，而且还拥有丹顶鹤、麋鹿自然保护区，沿途白鹭翻飞。公路 K16.350 处的大丰服务区位于大丰市境内，比邻闻名遐迩的大丰麋鹿国家级自然保护区。因此，大丰服务区的设计要体现这一地域特征。在大丰服务区的综合楼采用了前后高低穿插的 4 个弧顶作为建筑的视觉中心，弧形屋面出挑使屋面看起来好像鸟儿飞翔的翅膀，使建筑物显得轻快、休闲、律动。自然保护区的动植物自由天堂这一特征得到充分体现，也符合高速公路建筑的标志性要求。远观服务区综合楼的主立面，餐厅、汽车旅馆、大型公厕 3 部分通过横向的连廊贯通，仿佛一个横卧的“丰”字，使服务区建筑的可辨别性增强，特征更加鲜明。服务区内的景观也紧扣“自然”这一主题，尤其综合楼西侧的小游园用芦苇、卵石、水体等元素塑造了一个微型湿地景观。

如皋服务区以江苏省历史文化名城如皋市而得名。如皋市是南通市下辖的县级市，是闻名遐迩的“花木之乡”“长寿腹地”，如皋城距今有两千多年的历史，“因地并海而高得名”，是江海平原最早成陆的地区。俯瞰如皋县城，可见内外护城河竟是“外圆内方，形如古钱”，鬼斧神工，无怪乎自古以来这里就是商贾云集的生财之地，享有“金如皋”之美誉，这些独有的文脉特征是当地的文明遗产。如皋服务区的景观设计以“铜钱、盆景、长寿”等独有的地域性人文元素为设计依据，进行夸张、变形等处理，提炼出体现设计理念和设计思想的元素。以“铜钱”作为形态设计元素符号，以“寿”作为文字设计元素符号，以青砖、老银杏树、木化石、青花瓷等作为材料，融入建筑与景观设计。

5.1.2.3 通启高速公路

通启高速公路是宁通高速公路在南通境内的延伸段，它是国内首条数字化高速公路，公路代码 S103。它始于宁通高速公路的九华互通立交，沿途经过通州市、港闸区、南通经济技术开发区、海门市、启东市 5 个市(区)，止于启东市汇龙镇，全长 107.63 km。通启高速公路的开通，形成了长江两岸“东西贯通、南北联动、水陆并举、通江达海”的沿江交通新格局。

通启高速公路景观设计以节约理念打造城市美景，用带状绿地构筑绿道系统，把蓝色动脉注入城市绿地的设计理念，充分挖掘“水韵”这一地方特色，塑造丰富的空间体验。为了满足游人休息的需求，在绿地中运用现代造园的手法，设置景观廊架、亲水平台，彩色慢行步道由南向北分布在海港引河两侧，既为景观道路，又满足了绿地与周边地块的通达性需求。绿化设计通过地形营造，因地制宜地创造出品种多样、色彩分明、层次丰富的绿色生态空间，形成密林景观、疏林草地、滨河景观等植物配置各不相同的展现自然生态的城市绿地风貌(如图 5-1、2)。

图 5-1　通启高速沿线

图 5-2 通启高速互通景观

5.1.2.4 G204 江苏段

204 国道江苏段扩建工程全长约 538 km，沿线气候差距大，植被变化丰富，经济落差明显，城镇节点多。作为开放式一级公路，204 国道江苏段的扩建对增强沿线各市的经济、社会的连接度和互动性具有重要的支撑作用，在江苏沿海经济的发展中有举足轻重的地位。204 国道途经的苏州（98 km）、南通（98 km）、盐城（200 km）、连云港（140 km）4 市，代表了苏南、苏中、苏北的文化特色，吴文化、海派文化、江淮文化和楚汉文化在此交汇，文化底蕴极为丰厚。在景观规划上，苏州段以“吴地春歌”为主题，提炼小桥流水、粉墙黛瓦的元素，结合花灌木、大色块和水域景观的应用，创造江南水乡的特色景观；南通段以“通江揽胜”为主题，绿化设计重点体现独特的植物文化、纺织文化和海派文化等；盐城以“盐都钟灵”为主题，重点体现与海盐文化有关的植物景观，特殊地段把公路附近的湿地引入公路视阈内，增加空间变化和景观层次感；连云港以“连港毓秀”为主题，充分利用本土独特的植物资源，形成自然式和规则式相结合的绿化景观，部分地段结合湿地，形成开阔疏朗的湿地景观。沿线通过节点景观来凸显各区段的主题，并具有一定的地域性特色（如表 5-2）。公路景观等级应为 A 级。

南通市在通州段建起了一座乘风破浪的大型钢结构航船雕塑，以体现当地船舶产业兴盛的特点。如皋段在九华路口节点建起了造型别致的寿星老人花岗岩浮雕，既体现了如皋“长寿之乡”的美誉，也传递了出行平安、旅途愉快的祝福。盐城是我国重要的革命老区之一，有“西有延安，东有盐城”之说，在大丰设置观景台，以八路军、新四军白驹狮子口会师纪念碑为主景来弘扬红色文化，东台段的服务区将当地自然景观的优势融入景观设计中。连云港在各区段运用景观小品、标志牌等方式来宣传当地的旅游资源。

表 5-2 G204 各区段景观地域性表现

区段	景观载体	体现地域性的内容	要素属性
通州段	大型钢结构航船雕塑	产业文化:船舶产业	社会
如皋段	寿星老人花岗岩浮雕	“长寿之乡”	人文
海安段	标志牌	新四军联抗纪念馆	人文
大丰段	大丰观景台	红色文化:八路军、新四军白驹狮子口会师纪念碑	人文
东台段	东台服务区小游园	绿色文化:人工微型湿地景观	自然
灌云段	标志牌	旅游资源:潮河湾生态园	人文

5.1.3 成就与不足

5.1.3.1 取得的成绩

江苏沿海地区高等级公路的景观设计对地域性的表达已经有了一定的重视,在实践方面也有了一定的展现。主要表现在展现特色的自然景观和弘扬文化两个方面。其中 G204 国道在人文景观方面的展现较为丰富。

5.1.3.2 存在的问题

(1) 内容零散,缺乏整体性

除 204 国道在规划设计整条路段的景观是明确了公路的主题,并落实到景观细节中,其他几条高等级公路都没有明确并落实主题。如通启高速公路没有景观主题;连盐高速公路虽有明确的设计主题,但落实不够。这导致地域性景观表现的内容比较零散,没有形成完整的体系,无法给乘客留下更持久、深刻的印象,在一定程度上削弱了地域性的表达。

(2) 形式单调,缺少创新力

江苏沿海高等级公路沿线和节点的景观地域性设计比较单调,多以雕塑、标志牌、景墙的形式出现,体量较小、力度不足、缺少关联性。其表现地域性文化的方式主要为文字解说,间或配有少量图片,信息传递的方式比较单调,总体的创新程度不够,缺少对地域文化的进一步的提炼和抽象。如一些小品只是简单地运用了再现和复原地域性景观的设计手法,没能深入挖掘地域景观承载的理念与精神,因而感染力不强,最终流于平淡。

(3) 设施陈旧,缺少管理维护

根据实地调查,发现部分公路服务设施由于投入运营的时间长,缺乏管理维护,无论从材质还是外形上看都比较陈旧。如盐通高速公路的大丰服务区和东台服务区的建筑外观色彩不够鲜明，室内装修过于简单粗糙，室外环境出现脏乱差的现象，严重影响了景观的美感；G204 大丰观景台的植物缺乏修剪，整条道路中指示牌出现人为损坏的情况。这些现象都会影响景观地域性设计的表达。

5.2 实践——江苏临海高等级公路南通段景观地域性研究

5.2.1 项目概况

5.2.1.1 项目区位

江苏临海高等级公路紧挨江苏陆海边缘，纵贯南北，北起苏鲁交界绣针河，南止启东长江黄海交界处，贯穿连云港、盐城、南通 3 市，经黄河、灌河、废黄河、长江口等水域，是离海最近的一条“黄金通道”。沿海港口、港区及邻港产业园被有效串联成一个“沿海组团”。

临海高等级公路南通段全长 166 km，北起海安与盐城东台交界处的老坝港，途经海安、如东、南通滨海园区、海门和启东，终于沿江高等级公路起点。

5.2.1.2 上位规划解析

(1)《江苏沿海地区发展规划》分析(见表 5-3)

表 5-3　江苏沿海地区发展规划

<table>
<tr><td>战略定位</td><td colspan="2">我国重要的综合交通枢纽，沿海新型的工业基地，重要的土地后备资源开发区，生态环境优美、人民生活富足的宜居区</td></tr>
<tr><td rowspan="2">空间布局</td><td>空间结构</td><td>城镇空间、农村空间、生态空间</td></tr>
<tr><td>开发布局</td><td>“三极、一带、多节点”的空间布局框架</td></tr>
<tr><td>综合交通体系</td><td colspan="2">“两纵三横”铁路建设；航空机场建设；“一纵四横”内河干线航道建设；“三纵六横”高等级公路网建设</td></tr>
</table>

(2)《南通市城市总体规划修编(2009—2030)》分析

南通市城市总体规划沿海开发的进一步进行强化和深化主要有以下几个方面：一是明确冷家沙在南通沿海港口中的重要地位；二是在原有省级确定的 11 个重点镇的基础上增加近海、寅阳、洋口、三余 4 个沿海重点镇，为沿海开发增长点的培育提供基础；三是在远景构想中将沿海地区纳入中心城区范围，为南通中心城区的江海联动发展构建框架。

5.2.2　临海高等级公路南通段地域性景观概述

5.2.2.1　自然要素

(1) 气候

南通地处长江下游冲积平原,海洋性气候明显。年平均气温在15 ℃左右,年平均日照时数达2000～2200 h,年平均降水量1000～1100 mm,且雨热同季,夏季雨量约占全年雨量的40%～50%,常年雨日平均120 d左右,6月—7月常有一段梅雨季。

(2) 土壤

临海高等级公路南通段地下水位高、盐碱化严重。南通段全长166 km,其中110 km为轻盐土,占66.27%;56 km为中盐土,占33.73%。地下水埋深1～2 m,矿化度变幅较大,一般在1～5 g/L,排水条件较差。土壤表土层有盐积现象,表土层以下盐分含量急剧降低。每年春、秋旱季土壤表层积盐,雨季脱盐。根据临海高等级公路施工图勘察资料,得出盐渍土的分布段落(见表5-4)。

表5-4　临海高等级公路南通段盐渍土分布

行政区段	桩号	含盐程度
启东段	K112+000～K126+800	中盐渍土
	K126+800～K138+186	弱盐渍土
	K138+300～K140+300	弱盐渍土
	K152+000～K160+000	弱盐渍土
如东段	K26+300～K36+400	弱盐渍土
	K69+337～K69+500	弱盐渍土
	K69+500～K72+200	中盐渍土
	K72+200～K77+506	弱盐渍土

注:含盐量非盐渍土<0.3%,弱盐渍土0.3%～1%,中盐渍土>1%,其他段落为非盐渍土段落,但含盐量也比内陆高

(3) 植物

在临海高等级公路南通段沿线中,沿海滩涂植物多为草本,少数种类为木本灌木,能够适应新近围垦重盐土区的乔木几乎没有分布。主要植物区系成分为藜科、禾本科、莎草科、菊科及豆科等耐盐植物。

海安段大都为农田,除了种植的棉花、油菜等农作物之外,道路两侧的植被以自然生长的乡土植物为主,沿途乔、灌木树种稀少,而下层野生草本植物种类较多,其生长也比较杂乱。主要植物区系成分为藜科、禾本科、菊科及豆科等耐盐植物。经调查临海高等级公路海安段现状植被分布如下:

乔木　刺槐、构树、杨树、苦楝、女贞等;

灌木　紫穗槐、夹竹桃等;

草本　狗尾草、葎草、黄鹌菜、一年蓬、斑地锦、田菁、裂叶牵牛、加拿

大一枝黄花、芦竹、芦苇、芒等。

其中长势优良、景观效果较好、值得推荐的绿化植物为：杨树、刺槐、夹竹桃、芦竹、芦苇、芒等。

如东段绿化宽度单薄，公路两侧植物以自然生长的野生植物为主，乔灌木种类较少，野生草本植物种类较多，生长比较旺盛，但分布杂而乱。主要植物区系成分为藜科、禾本科、莎草科、菊科及豆科等耐盐植物。经调查临海高等级公路如东段现状植被分布如下：

乔木　刺槐、构树、杨树、苦楝、女贞等；

灌木　红叶石楠、金森女贞、夹竹桃、紫穗槐等；

草本　芦竹、芦苇、芒、加拿大一枝黄花、碱菀、狗尾草、葎草、黄鹌菜、一年蓬、小飞蓬、爬山虎、碱蓬草等。

其中长势优良、景观效果较好、值得推荐的绿化植物为：杨树、刺槐、夹竹桃、碱蓬草、芦竹、芦苇、芒等。

南通滨海园区段道路大都通过农田，两侧的植被以自然生长的乡土植物为主，沿途乔木树种稀少，而下层灌木及野生草本植物生长也比较杂乱。主要植物区系成分为藜科、禾本科、莎草科、菊科及豆科等耐盐植物。经调查临海高等级公路南通滨海园区段现状植被分布如下：

乔木　刺槐、构树、杨树、苦楝、女贞等；

灌木　夹竹桃、紫穗槐等；

草本　狗尾草、狼尾草、葎草、黄鹌菜、一年蓬、加拿大一枝黄花、碱菀、苦菜、葎草、碱蓬草、芦竹、芦苇、芒等。

其中长势优良、景观效果较好、值得推荐的绿化植物为：杨树、刺槐、夹竹桃、碱蓬草、芦竹、芦苇、芒等。

海门段现状道路两侧的植物品种以杨树、楝树等乡土植物为主，长势一般，多是沿路散状分布种植，不仅影响了公路服务功能，而且影响了沿线生态景观的提升。现状植被可以部分保留，并在原有的基础上增加层次。现在一些道路交叉口，已有成排的杉树片林，可以结合到新的设计中。主要植物区系成分为藜科、禾本科、莎草科、菊科及豆科等耐盐植物。经调查临海高等级公路海门段现状植被分布如下：

乔木　刺槐、构树、杨树、苦楝等；

灌木　紫穗槐、夹竹桃等；

草本　狗尾草、葎草、黄鹌菜、一年蓬、斑地锦、碱蓬草、芦竹、芦苇、芒、田菁、裂叶牵牛、加拿大一枝黄花等。

其中长势优良、景观效果较好、值得推荐的绿化植物为：杨树、刺槐、夹竹桃、碱蓬草、芦竹、芦苇、芒等。

启东段道路沿线为农田、沿海滩涂、鱼塘湿地保护区、科技园区等，道

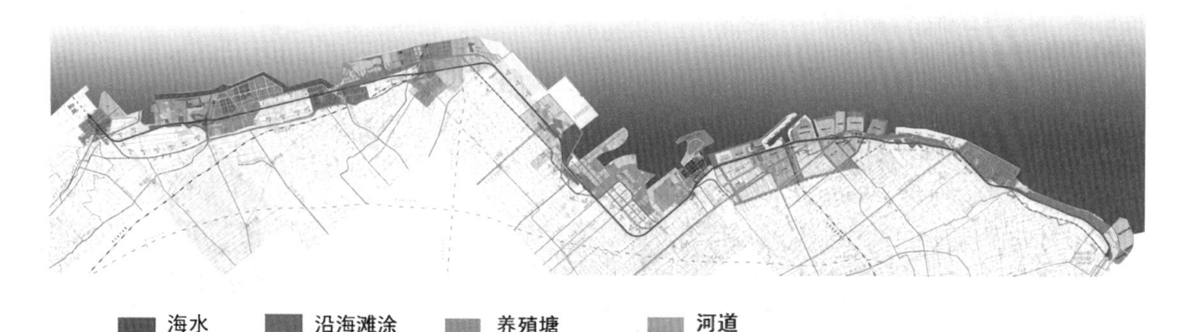

图 5-3 临海高等级公路现状水系分析图

路两侧的植被以自然生长的野生植物为主。其中沿海滩涂路段的植物多为草本,少数种类为木本灌木,能够适应新近围垦中、重盐土区的乔木几乎没有分布。主要植物区系成分为藜科、禾本科、莎草科、菊科及豆科等耐盐植物。经调查临海高等级公路启东段现状植被分布如下:

乔木　刺槐、构树、杨树、苦楝、女贞等;

灌木　夹竹桃、法国冬青等;

草本　芦苇、芦竹、芒、加拿大一枝黄花、碱菀、狗尾草、黄鹌菜、一年蓬、碱蓬草、棉花等。

其中长势优良、景观效果较好、值得推荐的绿化植物为:杨树、刺槐、夹竹桃、碱蓬草、芦竹、芦苇、芒等。此外,启东还在路段(K161+100～600)进行了盐碱地的绿化试验,于 2012 年 4 月开始种植了雪松、香樟、夹竹桃、芦苇等。经过 6 个月发现夹竹桃、芦苇长势较好,雪松、香樟成活率一般。

(4) 水系

江苏临海高等级公路南通段北临黄海,沿线经过如东滨海湿地滩涂带,长约 24 km,横跨约 20 条城市河道,紧邻多个农耕鱼塘(见图 5-3)。公路沿线具有丰富的水系资源,为公路的景观规划提供了有利元素和依据,同时为城市水运和滨水生产、景观游憩、水产养殖等发展发挥着重要作用。

(5) 色彩

根据前文中关于南通的叙述得知,在众多文化中,江淮文化与吴文化对江海文化形成的影响最为深远。不难发现,江淮文化与吴文化所主导下的建筑色彩非常相像,也就是黑白灰色调。在它们的影响下,南通的古代建筑色彩部分呈现出白墙黑瓦的特征,部分建筑的墙体由青砖砌筑,整体呈现出灰色(见图 5-4)。总的来说,南通的地域色彩为黑、白、灰系统,但灰色系的使用要大于江南地区[61]。南通比较有代表性的建筑有濠南别业以及张謇建筑群、更俗剧院、钟楼等,在建筑色彩上,除了黑、白、灰,也有红色的点缀。

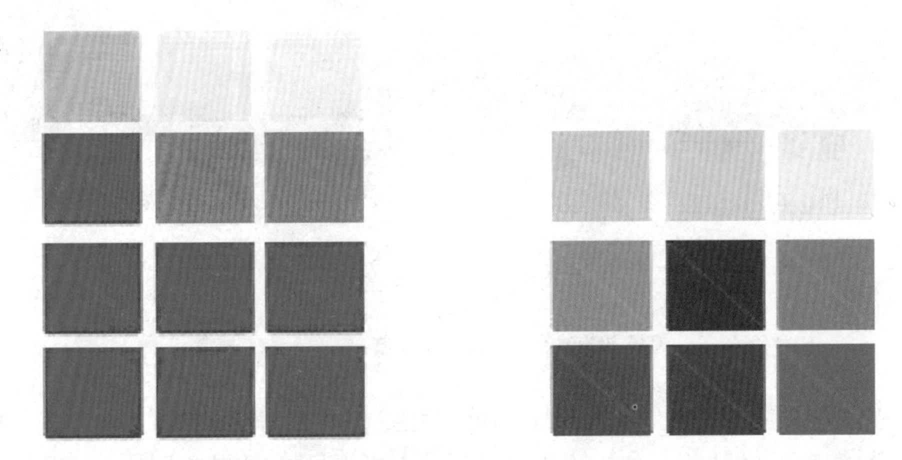
图 5-4 南通地方性建筑景观色彩

5.2.2.2 人文要素

(1) 历史变革

南通位于长江下游冲积平原,全境地域轮廓东西向长于南北向,三面环水,一面造陆,似不规则的菱形。

南通自距今五六千年就开始有人居住,市区一带在晋朝以前为江口海域。南北朝时始成沙州,初名壶豆洲,后名胡逗洲,属海陵郡(今泰州)。唐朝时为盐亭场,玄宗开元十年(722 年)设置盐官,属扬州海陵县,隶淮南道。唐僖宗乾符二年(875 年)时,设狼山镇遏使,归浙江西道节度使管辖。五代十国时期(907—960 年),吴时曾设东洲静海都镇遏使。南唐时立静海都镇制置院,置如皋县属泰州,历时半世纪。公元 958 年,北方后周派兵南下,占领静海,升为静海军,不久改名为通州,领静海、海门两县,属扬州管辖。宋朝时天圣元年(1023 年)一度称为崇州或崇川,不久复称通州,隶属南东路,领静海、海门两县。元世祖至元十五年(1278 年)升为通州路,二十一年(1284 年)复称通州,属扬州路,隶江北淮东道廉访使司,领静海、海门两县。清康熙十一年(1672 年)海门废县为乡并入南通;雍正三年(1724 年)改通州为直隶州,并以泰兴、如皋两县归其管辖,隶江苏市政使司;乾隆二十六年(1761 年)改隶江宁市政使司。辛亥革命后废州立县,设"南通县公署"。1914—1927 年,南通、如皋、靖江、泰兴等县为苏常道辖,海门、崇明等归沪海道辖。1934 年设立南通行政督察区专员公署,辖南通、崇明、启东、海门、如皋、靖江 6 县。抗日战争时期,1941 年 3 月在南通县北兴桥建立抗日民主政府;解放战争期间,设通东、通海、通西、通如行署,在如东掘港建立苏中第四行政区专员公署,曾改建苏皖(华中)一、九行政区。

新中国成立后置南通市,南通县城迁至金沙镇,设立南通专区归苏北行政公署,辖海安、如皋、如东、南通、海门、启东和崇明七个县及南通一市。1952 年年底,江苏恢复建省,南通市为省辖市。1958 年崇明县划入上海市。1962年南通市再次列为省辖市，并脱离南通专区。1970年全省又统一改专区为地区。1983年3月，南通市与南通地区合并，实行市管县体制。1989年以后启东、海门、如皋撤县建市，仍由南通市管理。1997年南通市下辖启东市、如皋市、通州市、海门市、海安县、如东县、崇川区、港闸区、狼山旅游度假区和富民港办事处等四市二县三区一办。南通市是全国最早的14个沿海对外开放城市之一，也是上海经济区的重要组成部分。

(2) 传统文化

远古时期，苏北境内的部落经常与中原各部落争战，东夷部落的古青墩人是南通最早的先民，他们在南通这块土地最早播下了北方文化的种子，并烙下了北方文化的印记。春秋战国时期，以吴越文化为主，形成了一种南方文化北上的趋势。至东晋，北方人口大举南迁，北方文化和南方文化在这里相遇。约六朝梁元帝时(公元552年)，长江口出现主要来自江南常州(今常州、武进、宜兴、无锡、锡山、江阴一带)被流放的无业游民，这些人基本上保留了吴越文化的特性。隋唐时期，唐玄宗时因军事上的需要，狼山成为浙江西道节度使管辖下的一个军事据点；唐末军阀割据，吴兴(今浙江湖州)姚氏家族三代(姚存制、姚廷圭、姚彦洪)统治这里达半个世纪之久，南方文化占了统治地位。元初，北方又有犯人流放到通州，南方文化的影响似乎逐渐减弱，但元末大批江南居民移居如皋。明初，一部分拥戴过张士诚的江南士民，被惩罚性地强迫迁移到吕四港一带，他们同样保留了江南文化的风土人情。鸦片战争、太平天国时期，不少江南商贾和手工业者纷纷来如皋安家落户。如皋在1724年便是通州的一个下辖县了，由东布洲形成的海门岛，当初亦为流放犯人之地，流人亦来自常州一带，由于130多年的文化隔离，海门人始终保持了吴文化的特色。近代，纺织工业的形成和兴起，吸引了越来越多的安徽、浙江、广东、上海等地工商户等人至南通定居、经商和进行文化交流。南方文化的影响几乎一直延续着。

由此可见，南方文化对南通的影响较大，南通方言中，说吴方言的人最多，南通京剧属于南派京剧，老百姓普遍供奉“观世音菩萨”。北方人往往把南通人看作是江南人，而南方人则常常把南通人视为北方人(苏北人)，这恰恰显示了南通作为南北过渡地带的文化特征，南北文化兼而有之。

本章节的实践项目途经海安、如东、海门、南通滨海园区、启东5个县市，这5个县市也有其各自的传统文化资源(见表5-5)。

表 5-5 沿海高等级公路南通段各区段文化资源

区段	文化资源
海安	海安花鼓、龙舞、革命文化、茧丝绸之乡、湖桑之乡
如东	绘画之乡、绿色能源之都
海门	“科技之乡”“纺织之乡”“建筑之乡”“教育之乡”“长寿之乡”,被誉为“金三角上小浦东、江风海韵北上海”;近代最具代表性的文化名人——张謇与董竹君;海门山歌
南通滨海园区	蓝印花布、家纺、建筑、通剧、侗子会
启东	版画

(3) 民风民俗

南通民间“放烧火”的风俗相对周边地区比较独特,起源于远古人们对火和火神的崇拜。《诗经》有云:“去其螟塍,及其蟊贼,无害我田稚。田祖有神,秉畀炎火。”说的就是乡野阡陌农夫手执火把驱虫赶兽,护卫田禾的情形。清道光初南通诗人李琪的《崇川竹枝词》:“山村好是晚风初,烧火连天锦不如,但祝麻虫能照尽,归来沽酒脍池鱼。”诗后原注:“元夕放烧火,谓之照麻虫。”这首民歌体的小诗告诉我们,当年南通民间“放烧火”的场面十分宏大壮观。

(4) 宗教信仰

南通宗教具有三个方面的特点:一是五教汇集,历史上,五大宗教很早就传入南通,并建有各自的活动场所,尤其是天主教,江苏省共有 4 个教区,海门教区就是其中之一;二是信众广泛,众多的信教群众是一支重要的社会群体,做好信教群众的工作,有利于南通的宗教和睦、民族团结和社会稳定;三是场所庄严,狼山素有“中国八小佛教名山之一”的称号,狼山广教寺是国内唯一的大势至菩萨道场,在苏浙沪乃至全国都具有较大的影响,每年正月初五,均有数万来自全国各地的佛教信徒来此朝山礼佛。南通天宁寺、南通城隍庙、狼山天主堂、海门天主堂、二甲香光寺、如东国清寺、如皋定慧寺等一批宗教活动场所在全国享有较高知名度。本项目沿线途经一些寺庙,如启东的玉龙寺和极乐寺。

5.2.2.3 社会要素

南通市属五县(市)均为全国百强县(市),2012 年地区生产总值约为 4100 亿元,经济总量排名全国地级市第 8 位。总体经济发展特点有:新兴产业势头良好;传统产业扩量提质;服务业发展速度加快;集约发展、节能减排力度加大;自主创新能力增强;大产业项目加快集聚等。海安有“建筑之乡”称号,如东以丰富的海产闻名,海门的建筑业和纺织业发达,启东是著名的“电动工具之乡”和“建筑之乡”,也是“海洋经济之乡”。

该项目沿线产业开发区布局为海安临港新区、如东沿海经济开发区、洋口港经济开发区、东安科技园区、南通滨海工业园区、吕四港经济开发区、启东滨海工业区等 8 个园区。

本项目位于南通沿海地区，项目直接影响区为项目直接穿越的南通沿海两县一区两市——海安县、如东县、通州区、海门市、启东市。项目间接影响区有江苏省沿海地区乃至江苏省 13 个地市以及上海、山东部分地区。

5.2.3 设计成果

5.2.3.1 临海高等级公路南通段景观地域性规划

(1) 项目定位

本项目力求变“单一的交通带”为“多元多维、观游娱乐”的全方位体验带，打造一条资源集约、底蕴厚重、舒适宜人，集生态、旅游、休闲、观光于一体的具有科学发展模式的高品质高等级公路。

在设计中结合自然环境规划是整个规划区建设与各项活动的落脚点。方案强调人与自然和谐共融的理念，在结合地方乡土文化的基础之上，寻求适度超前的营造法则，注重品质，充分体现生态—人—文化的互动与互融，真正实现城市绿色通道。根据南通的地域特色定位为文化韵道、滨海绿道、观光游道、生态廊道 4 个方面。文化韵道就是通过对多个文化主题节点的设计和连接，塑造精神溯源地和文脉延续场所；滨海绿道旨在将滨海风光和水乡田园风光贯于一线；观光游道即提供一个亲近自然、体味生活，愉悦身心的绿色游道；生态廊道则为尊重自然，生态为先，保护滨海的生态格局。

(2) 规划理念

根据项目的定位，将规划理念提炼为“绿、通、海、城”4 个字。其中“绿”即规划设计应注重生态环境的保护，绿化做到适地适树，关注季相变化，做到四季有花可赏、有景可观，创造出一条具有时代特色的绿色生态景观带；“通”是来源于南通的地名，意在结合南通五县市的地域性特色，设计中运用当地人文历史要素以及结合周边的自然环境特色，打造一条文化底蕴浓厚的景观通道；“海”则因为南通位于江苏沿海地区，临海高等级公路的景观规划中要充分运用海的元素，贯穿整个道路景观规划，共显五县市的地域特点，并展现广阔无垠、碧海蓝天的独特景观，体现以“海”为主题的旅游规划目标；“城”则是尊重南通城的自然、地理、历史风貌，尊重已建成的设计风格，全力打造一个自然时尚、功能完善、满足社会各阶层需求的城市通道。

(3) 规划结构

江苏临海高等级公路南通段的景观规划结构为“五段十点”(见图 5-5)。“五段”是根据临海高等级公路两侧不同的用地性质类型和远期规

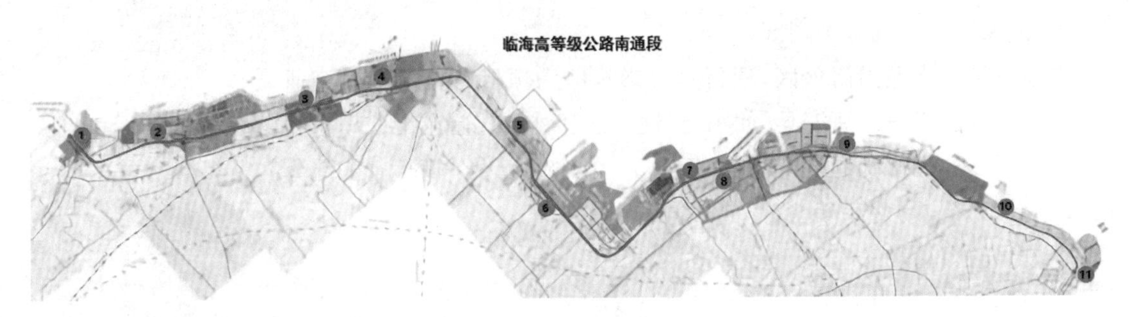

图 5-5　临海高等级公路景观规划结构图

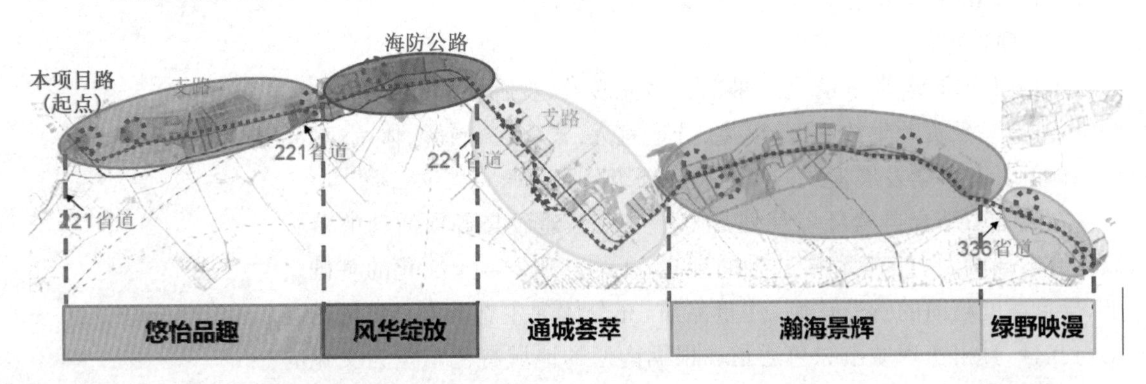

图 5-6　临海高等级公路南通段分段规划图

划，将整条道路景观分为 5 个不同主题的景观段，五大片区各具特色，形成一个统一有机体。“十点”是根据沿线的自然环境、历史遗迹及公路的技术要求所布置的 8 个观景台、2 个服务区，用于观赏沿途景观特色，展现地域文化（见图 5-6）。

（4）分段规划

根据临海高等级公路两侧现状的用地性质类型和远期规划，结合每个行政片区的地域环境，将整条道路景观分为 5 个不同主题的景观段，分别为“悠怡品趣”“风华绽放”“通城荟萃”“瀚海景辉”“绿野映漫”，这五大片区各具特色，并能够形成一个统一有机体（见图 5-7）。

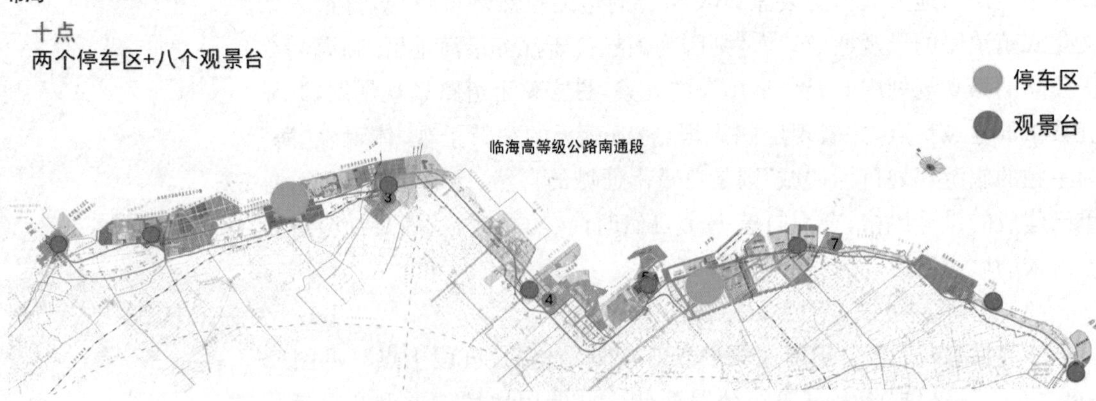

图 5-7　临海高等级公路南通段停车区与观景台布局

“悠怡品趣”段定位为自然、活泼、休闲的景观风格，项目路两侧绿化景观呈现自然式。

“风华绽放”段定位为兴运、开放、和谐，根据项目路两侧的远期规划为经济开发区，应表现为开放式城市道路绿化景观。

“通城荟萃”段两侧未来规划有东安科技园区、通州滨海工业园区、海门滨海工业园区等，现状结合规划，体现现代、气派的产业景观。

“瀚海景辉”段绿化风格慢慢向自然式过渡，以通透的视线，观赏海的风韵和辽阔。景观规划中充分运用海的元素，展现广阔无垠、碧海蓝天的独特景观，体现以海为主题的旅游规划目标。

“绿野映漫”段进一步规划发展为田园野趣风光，绿化景观以乔灌草的自然式配置为主。

(5) 节点布局

海安“黄金之门”观景台设置在项目路东侧，桩号 K2 处。规划建设的“黄金之门”观景台作为公路盐城段和南通段的衔接，以及进入南通的标志，紧邻项目路设置。南通具有“黄金水道”和“黄金海岸”的美称，海安作为进入临海高等级公路南通段的始端，作为“黄金之门”衔接盐城和南通两大城市，因此，其观景台的选址和景观的呈现至关重要。根据远期规划，“黄金之门”观景台周围将建设成工业园区，邻近项目道路以防护林隔离，在此设观景平台可以看到优美的绿色景观。

如东“潮起洋口”观景台设置在项目路北侧休闲绿地内，桩号 K17 处。“潮起洋口”观景台设置在此处，不仅方便人们停车休息，眺望周边广阔的草地，还可以起到宣传当地文化的作用。人们通过周边道路可快速到达周边的旅游景点，如高尔夫乡村俱乐部、金蛤岛、黄海大草原、蓬蓬树、海印寺、湿地公园等，尽情感受乡土人文风情。

如东刘埠闸停车区设置于掘苴河东侧，位于临海高等级公路 K37＋900 处，拥有三面环水的优良景观环境。刘埠闸位于苏 223 线与海防公路交会处，掘苴河由此入海，水陆交通便捷，东接洋口港，西接洋口国家中心渔港，具有独一无二的自然环境和交通优势。在此设置停车区，便于为临海高等级公路上运行的车辆及人员提供服务，同时也为进行养护应急服务管理提供了一个专门的场所。

如东“东方风港”的观景台设置在项目路北侧洋口大桥的东侧，桩号 K49＋100 附近。在此设观景平台可以看到周边优美的自然风光，供游人休闲游览。如东“东方风港”观景台靠近洋口港，其周边交通条件便利，现状条件中，周围有农田和养殖塘等可利用资源，设计将形成规整式农耕和人工养殖景观，营造开放及富有生机的景观，展现现代农业风范。根据远期规划，这里将形成公园绿地，公路将穿过这块绿地，形成独特的公路公园景观。对于其周边景点,如海上迪斯科、黄海大桥、西游记主题公园等,可通过宣传牌、指示栏等设施加以介绍。

滨海园区"古港新韵"观景台设置于遥望港大桥北侧项目路东侧,桩号 K78 处。观景台设置在此处,可以到达冷家沙港口,通过对芦苇、风车等景观资源的合理规划,营造独特的生态湿地景观。

海门"蛎岈听潮"观景台设置于海门与启东交界处,项目路北侧,由疏港路连接观景台与项目路,紧邻"华夏第一龙桥"。在此设观景平台可以看到沿海滩涂、蛎岈山等优美的自然风光,供人们休闲游览。根据远期规划,将以蛎岈山为核心,形成配套滨海新城的休闲度假职能,服务海门市及南通旅游市场的生态海洋中心。对于其周边景点,如蛎岈山博物馆、海哨遗址等,可通过宣传牌、指示栏等设施介绍景点。

启东吕四停车区位于吕四风景园旁,桩号 K109+200 处。吕四停车区位于吕四港,这里拥有全国四大渔场之一的吕四渔场,既有众多的海洋水产资源,又有十分丰富的海滨旅游资源。在此设置停车区,为临海高等级公路上运行的车辆以及人员提供服务。周边主要有望海亭楼、垂钓中心、洞宾亭、海洋生物馆等景点;可开辟快艇海上观光游览、海味野餐、海滨游乐等项目,重点发挥渔港特色,使中外游客倾情领略"海文化""渔文化"的浓厚底蕴。

启东"海上长城"观景台设置于大唐电厂南侧,项目路北侧,桩号 K122+500 处。在这里可以看到张謇挡浪墙历史遗迹雄姿犹存,远望去像海上长城一样。游人不仅可以领略特色的海韵风景,还可以品读历史文化。

启东"万亩渔村"观景台设置在协兴港,桩号 K151 处。协兴港有万亩鱼塘水面,规划建设的"万亩渔村"观景台与本项目路之间有高差约 2.5 m 的海堤路进行分隔,观景台由海堤路向鱼塘方向延伸 30 m。30 m 范围内可设停车位。协兴港作为一级渔港,本身自然环境优越。2.5 m 高的海堤路成为一个很好的天然屏障,隔离了公路上的喧嚣。根据远期规划,这里将作为湿地保护区,在此设观景平台也可以看到优美的自然风光。

启东"日出东方"观景台设置在项目路和海防线的交汇处东侧,桩号 K165+800 处。观景台周边有圆陀角风景区,位于长江入海口,是江苏最早看到日出的地方,故名为"日出东方"。此外还有黄金海滩、玉龙寺等景点,均有道路可以直接前往。此处设置观景台,在停车休息观景的同时,设置周边的旅游资源介绍。

(6) 旅游规划

目前中国旅游业蓬勃发展,尤其是自驾车旅游的兴起促进了公路的景观建设。旅游者在公路上行驶的时间为旅游成本，如果将公路沿线景观和周边的旅游资源进行合理开发，使其具有较大的美学意义，则可能将旅游成本转化为旅游收益，同时也能够彰显地域文化。从本质上来说，公路是为驾车旅行者量身定做的旅游产品。

由于旅游业的发展会影响该地区的经济发展，本文根据行政区划，分段落分析各行政区段内的旅游资源规划。

海安段境内旅游资源以烈士陵园为主，包括老坝港烈士陵园和沿口烈士陵园等。规划使用 549 乡道和 610 乡道与 221 省道，以及城市道路通海北路将景点串联，方便游客前往烈士陵园了解历史，感受历史。

如东段境内旅游资源丰富，有以休闲娱乐为主题的小洋口乡村俱乐部，以文化为主题的黄海文化园及以当地风情为主题的民俗文化园等。规划使用开发区及景区内规划中已有连接沿海滩涂的道路，以及港区内道路、洋兴公路、疏港路、沿海公路和洋口大道将所有的旅游点串联。

南通滨海园区段境内旅游资源以遥望港大桥东侧的生态湿地公园为主。规划使用景区内的规划道路与项目路相接，方便游客前往湿地公园游玩，欣赏湿地景观。

海门段境内的旅游资源主要以蛎岈山自然风景区为主，还有张謇垦牧公园等。规划在蛎岈听潮景点附近规划两条临海公路支路，分别与海门滨海工业园区道路系统和海门大港港区道路系统相接，方便游客欣赏完蛎岈听潮景点后，前往蛎岈山继续游玩或者前往港区，欣赏现代化的港区景观。

启东段境内旅游资源丰富，有以休闲娱乐为主题的圆陀角风景度假村，以生态湿地景观为主题的东元湾生态休闲绿地、湿地休闲区及以当地风情为主题的吕四风情园等。规划使用开发区及景区内规划中已有连接沿海滩涂的道路，以及 221 省道、通达工程路、沿海公路和规划园区内的道路将所有的旅游点串联。

5.2.3.2 临海高等级公路地域性景观塑造

(1) 路侧

临海高等级公路两侧绿化景观以自然式为主，采用乔木与灌木相结合、落叶与常绿相结合、冷季与暖季相结合的方式，形成富有层次感的植物景观。

本项目主要采用“挡”和“透”的景观处理方式，对沿线两侧农田、湿地、养殖塘等优美的风光予以通透，对产业、科技园或公用设施等予以遮挡，规则与自然相间隔，使得临海高等级公路绿化错落有致，既具有整体性又富有韵律感(见表 5-6、7，图 5-8、9)。

表 5-6　运用"挡"处理手法的景观类型

编号	景观类型	主要植物类型	种植形式
A	防护林景观	高大乔木和灌木	整体上以规则式的片植为主,结合灌木和地被种植形成整齐的复合层次
B	产业景观	高大乔木和灌木	整体上以规则式为主,通过整齐的树阵形成乔灌结合的复合层次,灌木可以规则式模纹的种植形式,在地被上形成整齐的线条,展现连续、现代的产业景观

表 5-7　运用"透"处理手法的景观类型

编号	景观类型	主要植物类型	种植形式
C	农田景观	小乔木和低矮灌木	整体上以自然的片植为主,景观层次流畅错落,适当点缀球类植物,给人开阔的视野,展现农田景观的自然风情
D	休闲景观	小乔木和低矮灌木	规则式与自然式结合,增强植物种植的通透性,融合周边的自然环境,营造自然、休闲、开敞式的空间,植物的选用注意季相变化,以丰富休闲景观
E	湿地景观	小乔木和低矮灌木	整体上以自然式种植为主,适当点缀水生植物,展现生态、野趣、自然的湿地景观风情
F	滩涂景观	以耐盐碱的野生地被植物为主	展现出辽阔、自然、清旷的滩涂景观
G	养殖塘景观	小乔木和低矮灌木	整体上以自然式种植为主,适当点缀一些水生植物,展现出自然、淳朴的养殖塘景观

图 5-8　运用"挡"处理手法的段落

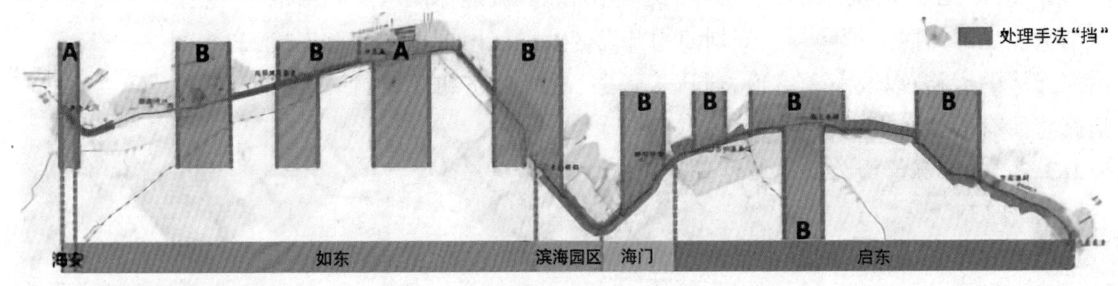

图 5-9　运用"透"处理手法的段落

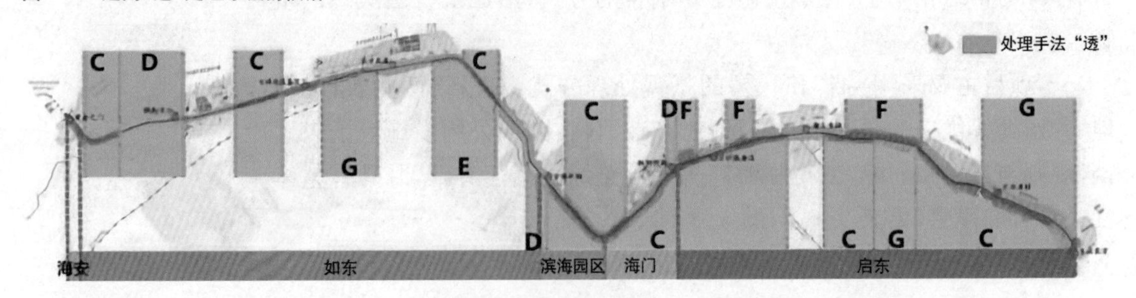

充分考虑道路两侧自然、人文等因素，根据沿线的环境条件及远期规划，将临海高等级公路分为5个景观段落，每段绿化景观随地势变化相应更换植物种类及配置模式，使其绿化景观与周围的环境在形态和色彩上协调统一。

“悠怡品趣”段沿线路过度假村、温泉馆、高尔夫球场等地，将季相明显的乔、灌、花、草集合在一起，构成丰富多彩的植物景观，增加道路空间感。采用“挡”“透”兼顾的绿化处理方式。

“风华绽放”段远期发展为开放式景观，其绿化环境侧重于营造兴盛、时尚的氛围，以绿色乔木为基调，间植灌木及花草等。采用的绿化处理方式为“挡”“透”兼顾。

“通城荟萃”段沿线将规划为现代、气派的产业景观，因此采用近低外高的方式进行绿化，形成简洁明快、整齐统一的绿化风格。绿化处理方式以“挡”为主。

“瀚海景辉”段途经滩涂、水域及风景优美的地段，要留出足够的观景空间，因此植物绿化风格呈现自然式种植，多选用耐盐碱的低矮灌木和地被，保证视线通透。绿化处理方式以“透”为主。

“绿野映漫”段经过田园地带，以自然植被景观为主，乔灌草结合的方式进行绿化，展现田园农家风光。绿化处理方式以“透”为主。

（2）节点

江苏临海高等级公路周边旅游资源丰富，将公路服务区打造成兼具旅游型的服务区，能够有效利用资源。相关旅游资讯能使过往行车人员获得更多知识，还能减轻旅途的劳累。同样，地区的旅游产品可以借此窗口扩大知名度和销量，从而带动地方经济社会的发展，具有多重效益。该区域历史悠久、民俗文化丰富多彩，若能从中汲取一些空间布置手法、建筑设计形式、工艺装饰技巧，必然能给过往乘客留下极为深刻的印象。

在沿途生态环境较好的地段，设置观景台。考虑到公路景观具有时空多维性的特点，既是上接蓝天、下连地表、延绵起伏的带状空间，又包含季节、气候等自然现象变动的多种因素，观景台的设计要充分考虑到周围景观的时令性，使景观在时间和空间上取得协调。对公路景观的观赏，不但是特意观看，还有领悟玩赏的意思。“赏”是“观”的目的和结果，观赏者通过“观”，获得视觉上的快感，再通过“赏”来获得美感体验。如果说游人在行车过程中对公路景观的观赏属于动态观赏，注重景观画面的连续和过渡，那么在观景台上的观赏则属于静态观赏，意在内心的平静和画面的相对完整。在设计时要注重功能性和景观性的结合，达到点、线、面的统一，组织好小空间和大环境的关系（见表5-8）。

表 5-8 临海高等级公路各节点的景观地域性塑造

节点名称	类型	用地面积	配套设施	景观地域性表达
黄金之门	观景台	10 亩	停车位、观景平台、雕塑	“黄金之门”观景台作为公路由盐城进入南通的标志，寓意南通从长江口出海可通达中国沿海以及世界各港，地理位置占尽“黄金海岸”和“黄金水道”之利。通过道路两边标志性景观雕塑，突出营造南通城市现代大气的特色
潮起洋口	观景台	10 亩	停车位、跨线桥	“潮起洋口”观景台处设置跨线桥，不仅方便人们停车休息，眺望周边广阔的绿地，还可以起到宣传当地传统文化的作用。景观上因借周边的高尔夫、体育公园等休闲景观，营造出轻松、愉快、充满活力的景观风格
刘埠闸停车区	停车区	200 亩	停车位、公共厕所、小卖部、加油站、风力发电感知设备、修车站	刘埠闸停车区以建设一个景观时尚现代、交通便利、科普性较强性质为一体的停车区为目标，便于为临海高等级公路上运行的车辆提供服务，并使之成为展现当地地域文化、海文化的重要载体
东方风港	观景台	10 亩	停车位、观景平台	“东方风港”观景台景观着重体现内河港区繁荣、现代的港口景观特色，让游客领略到南通深厚的港口文化底蕴
古港新韵	观景台	10 亩	停车位、观景平台、盐文化景观柱	“古港新韵”观景台景观通过景观小品展现文化的传承与延续，并利用芦苇、风车等景观资源营造独特的生态湿地景观
蛎岈听潮	观景台	10 亩	停车位、观景平台、海文化景观雕塑	“蛎岈听潮”观景台与海洋公园结合，可以到达沿海滩涂、蛎岈山等景点，供人们休闲游览。根据远期规划，将以蛎岈山为核心，形成具备配套滨海新城休闲度假区，可服务周边的旅游市场的生态海洋旅游中心
吕四停车区	停车区	70 余亩	停车位、公共厕所、小卖部、加油站、修车站	吕四停车区位于吕四港，这里拥有四大渔场之一的吕四渔场，既有众多的海洋水产资源，又有十分丰富的海滨旅游资源。其景观营造的重点在于充分发挥渔港特色，使中外游客倾情领略“海文化”“渔文化”
海上长城	观景台	10 亩	停车位、挑高观景平台、张謇雕像	“海上长城”观景台充分挖掘张謇挡浪墙这一历史遗迹，景观特色注重突出历史文化，同时也能够展现海韵风景
万亩渔村	观景台	10 亩	停车位、观景平台、景观小品	“万亩渔村”观景台突出水和植物景观的优势，是提供幽静自然景观的观景场所，能够观赏到平静水面和阡陌纹理结合的宁静辽阔的乡土风景
日出东方	观景台	10 亩	停车位、观景平台、海韵景观柱、文化墙	“日出东方”观景台作为度假区的起始点要体现现代、大气的景观特征，设置标志性大型海韵构筑物吸引游客的目光，结合其他景观小品对沿线的文化景观作简单的介绍，引人入胜

(3) 绿化

临海高等级公路南通段沿线植物原本分布杂乱，区域绿化树种、林带结构单一，这不仅影响了公路服务功能发挥，而且影响了沿线生态景观的提升。在道路绿化植物选择的过程中，应根据南通沿海地区土壤的性质以及气候的特点，选择合适的植物种类，保证绿化植物的存活率。

临海高等级公路绿化植物选择配置应注意优选耐盐碱，能够抗自然灾害，并具有地方特色的乡土树种。临海高等级公路南通段道路绿化植物的选择受到土壤的盐碱性的限制，根据土壤盐碱性的不同，我们需要针对正常土壤、轻盐土壤、中盐土壤，分别进行绿化植物的选择。

正常土壤路段道路绿化植物的选择范围较广，植物配置首先应考虑交通安全，有效地协助组织人流的集散；其次注重乔灌草相结合，加强临海生态绿廊的建设。注意突出植物的季相特色，观花、观叶、观形相结合，要保证绿化景观三季有花、四季有景。正常土壤路段植物的选择和配置要适合其特殊的地域特点，尽量选择适合当地生长的乡土植物；考虑其生理特性的同时也要兼顾绿化景观效果；尽量配置成乔、灌、草、藤的群落，不仅有优美的景观效果，同时也兼具生态效益(见表 5-9)。

表 5-9 正常土壤路段乔灌草植物选择

类型	植物种类
乔木	中山杉、女贞、合欢、紫叶李、栾树、乌桕、广玉兰、旱柳、银杏、水杉、香樟
灌木	海滨木槿、海桐、铺地柏、法国冬青、夹竹桃、黄杨、石楠、木槿、枸骨、南天竹、红瑞木、贴梗海棠
草本	波斯菊、金鸡菊、万寿菊、孔雀草、高羊茅、结缕草、白三叶、一串红、金银花、爬山虎、五叶地锦、常春藤

低盐土壤路段绿化植物的选择应该注意选用抗盐碱、抗风的植物种类，保证绿化植物的存活率。在保证绿化植物成活率的基础上，尽量丰富绿化植物的景观效果，营造高等级公路安全舒适的植物景观。此外，应适当引用当地原有野生植物中具有良好观赏效果的植物，如芦竹、芦苇、芒等，营造具有地域特色的植物景观。狭长的海岸线上，有的地段植被丰富，有的地段植被单一。低盐土壤路段原生植物种类比较单一，为此，我们可以根据其环境特点，在保留并充分利用原有野生植物景观的基础上适当增加植物种类，丰富植物群落层次，形成自然与人工的完美结合(见表 5-10)。

中盐土壤路段绿化植物的选择应该尊重大自然的选择，选用当地适应性强、耐盐碱、生长强健、管理粗放的野生乡土植物(见表 5-11)。充分利用那些自然的野生植物，如芦竹、芦苇、芒、碱蓬草、碱菀、罗布麻等营造富有野趣和地域特色的植物景观。滨海的原生植物群落长势良好，长时间在海边生长已经适应了海边的独特环境，构成了相对稳定的自然群落。

表 5-10 低盐土壤路段乔灌草植物选择

类型	植物种类
乔木	中山杉、合欢、栾树、女贞、乌桕、柽柳
灌木	海滨木槿、海桐、铺地柏、法青、夹竹桃、黄杨
草本	芦竹、芦苇、芒、碱蓬草、碱菀、金银花、菊芋、高羊茅、结缕草

表 5-11 中盐土壤路段乔灌草植物选择

类型	植物种类
乔木	中山杉、合欢、栾树、女贞、柽柳
灌木	海滨木槿、海桐、铺地柏、法青、夹竹桃、黄杨
草本	芦竹、芦苇、芒、碱蓬草、碱菀、白莲蒿、二色补血草、马蔺、罗布麻

如滨海耐盐碱植物——碱蓬草在秋季叶子渐渐变红，逐渐形成自然的“红海滩”地方特色景观。

（4）沿线设施

临海高等级公路沿线有很多可以物化为服务设施的地域性景观，设计时要准确抓住其体现的地域性，并兼顾景观的整体性。整体性强调在色彩、形式上的统一。根据上文的分析，南通地域色彩为黑灰白色系和红色，公路沿线设施可以这些地域色彩为主色调，在形式上融入南通传统建筑的元素并加以统一，增加公路景观的整体感。由于沿线五县市的地域特色各有不同，可以通过在细节加以表达，如以标志、图像和文字等方式。

5.3 本章小结

地域性是景观的重要属性之一，忽视地域性的景观规划与设计难以取得成功，并将无法获得长久的生命。在高速公路建设急剧发展的当代中国，研究并实践高等级公路景观的地域性设计对降低公路建设成本、减少后期维护费用及带动地方经济社会发展等都有着不可小视的作用。

江苏省沿海地区近几年高等级公路建设取得了不少成绩，其景观建设在业内也产生了一定影响，代表了国内高速公路发展的一个新高度。通过对江苏沿海地区高等级公路的景观建设现状进行调查与分析，得到不少经验和启发。而通过项目实践，也对高等级公路景观地域性设计有了更深刻的了解，发现了一些需要继续研究解决的问题。在此，一并进行总结。

5.3.1 结论

(1) 高等级公路景观对公路安全行驶、生态环境保护等有着重要的意义和作用,已受到发达国家的重视,需要对其进行深入的研究,并将成果运用到实际项目建设中。

(2) 国内高等级公路景观设计相关研究和实践已经展开,生态环保理念受到重视,各种绿化新技术发展较快。与之形成对比的是,地域性设计理念没有得到很好的贯彻实施。究其原因,可能与各地区地域性相差较大,特殊性较多,针对性较强,无法像科学技术那样具备较广泛的适用性,而是需要具体问题具体分析,因此阻碍了设计理念的快速传播和实现。

(3) 景观设计人员自身存在一定的局限性,限制了高等级公路景观地域性设计的进一步发展。通过对南通临海地区近期已建或在建高速公路项目的景观设计进行地域性表达分析发现:对地区的地域性挖掘不够深入,导致表达内容过于浅显、单调;设计手法上创新性不足,导致表现手法较为单调、沉闷;而这些又导致了在一个建设项目中无法运用丰富的景观元素、景观载体和景观手法对整体景观进行系统规划,使得地域性设计沦为零散的、肤浅的景观小品集合。

(4) 江苏沿海地区拥有丰富的自然、人文资源,地域特征明显,可以作为地域性设计的研究载体。通过深入挖掘地区的地域性特色,能够总结出该地区的多种典型景观,对该地区未来的高速公路景观建设具有一定的指导意义。结合高等级公路景观设计的载体,从选线与线形、路基、边坡、桥梁、隧道等多个方面进行地域性景观的物化方法的研究,为该地区高等级公路景观地域性设计提供了新的、多样的思路。

5.3.2 展望

(1) 一个高等级公路景观地域性设计的完整过程会受项目建设周期、各方意见及资金分配等多种因素的影响,使得很多地域性设计理念在方案中仍然没能得到充分的展现。这也说明,除设计人员主观能力因素外,还有很多客观因素制约着高等级公路景观设计中地域性的表达,需要在这些方面进行沟通和协调,增加景观设计师的话语权。提前景观设计的介入时间、加大地域性设计理念的推广也是今后需要努力的一个方向。

(2) 景观设计在高等级公路建设中应扮演更多的角色,要能站在自身学科的角度为高等级公路建设提供新的思路和建议,而不是完全地被动接受。这就需要设计人员在可操作性和与主体工程适应性等方面进行更加深入的研究,这样才能提出更加合理的建议。

笔者在研究过程中，借鉴了一些建筑学及公路工程学的设计理论和分析方法，在某种程度上可能并不是十分贴切，但要对高等级公路景观进行地域性设计是不容置疑的。希望通过对江苏沿海地区高等级公路景观地域性设计的研究，推动该领域的发展，从而使我国高等级公路的建设有新的突破。

6 结论与展望

城市道路是展示城市形象的重要线性空间，同时也是保证城市健康发展及生态可持续相结合的一个关键因素。随着时代的发展，人们对城市道路的地域特色、生态效能的发挥和在城市建设过程中发挥的“串联”作用提出了更高的要求，城市道路景观的打造与提升不能仅仅只注重景观的形式美。

本书从宏观到微观，围绕城市道路景观规划设计这一核心内容展开探讨，从景观规划的层面确定了“一轴多景”的景观格局，形成“以点带线，以线串点”的形式，利用景观规划设计的道路串联起其周边的绿色开敞空间，并对各个景观节点进行重点提升和打造，从而真正意义上推动整条线路周边的景观提升及空间的充分开发、利用，最终达到“用线串成一条链，带动一大片”的规划初衷。

笔者认为，当下诸多城市建设问题很难用某一学科加以解释并指导实践，融合景观生态学、城乡规划学、景观美学等诸多学科的最终规划成果往往在实践中能够得到更好的成效，本书从景观规划设计的角度，记叙了将多学科融合并运用于实践的典型案例。

在理论充实的基础之上，结合实际项目案例，尝试探索地域文化在道路景观中的设计要点，得出了以下结论。

6.1 结论

6.1.1 地域文化元素分类提取

地域文化是其背景下城市道路景观设计的基础。将地域文化按照自然环境、人文环境、社会环境进行分类归纳，从三个方面对地域文化进行逐层逐步的解读分析，使得地域文化元素不至于杂乱琐碎，可以更加全面、更加容易地了解地域文化，并且便于地域文化元素的提取。每种类别的地域文化元素都有着自身特点，三者相互联系，相互映衬。自然环境元素与人文环境元素多停留于物质层面，社会环境元素多为精神层面，前两者提取的文化元素往往是肉眼可见的形式特征，而后者是思想观念。在地域文化中自然环境元素是其前提，人文环境元素相比较最为丰富，是地域文化最主要的部分，社会环境元素是地域文化的升华。

地域文化的文化符号包含地域文化的主调色彩，自然、人文环境元素中具有代表性的物质外在形象以及社会环境元素中主要的精神思想。

1）地域文化色彩符号提炼

道路景观的色彩能够给观赏者带来整体的文化感知，人在城市道路景观空间中首先感受到的便是颜色，道路景观色彩是否可以代表地域文化直接关系到道路景观中地域文化的景观塑造。道路景观文化色彩可以从地域自然、人文元素中提取，从而归纳出地域文化的代表色彩。良好的景观色彩表现在满足道路环境美感的同时，能够给人以地域文化的认同感与共鸣感。提炼出道路景观的文化色彩后，其可以体现在硬质铺装、景观小品、基础设施、植物等各个方面，应用范围广，文化表现力强。

2）地域文化形式特征符号提炼

地域文化的形式特征符号主要来源于自然与人文环境元素。自然环境元素中，地形地势、自然气象、乡土特色植物都可以求其形象特征。

3）地域文化精神符号提炼

地域文化的精神思想能体现整个社会的精神面貌。这些精神符号可以融入道路景观的设计手法与具体景观形式中，使抽象的精神更为具体化。

6.1.2 基于地域文化的道路景观序列组织

道路景观序列决定着观赏者感知地域文化的节奏，道路景观序列的主要目的是给地域文化景观注入秩序，融入情趣，激发人们的游览热情。基于地域文化的道路景观序列应当做到逐步深入，引领观赏者由前导步入高潮以至结尾，呈现出一种完整的文化景观空间关联，突出主次地域文化景观结构，有起有落，形成一条富有韵律的道路景观游览路线。在黄山市迎宾大道景观提升项目的摸索中，基于地域文化的道路景观组织可以大致分为三部分，自然文化主题作为前导，人文文化主题作为高潮，社会精神文化主题作为结尾，用地域地区自然风光吸引观赏者，接着用地域灿烂丰富的人文文化展示地域历史底蕴，最后再用地域社会精神给观赏者以品位与思考，形成逐步递进的关系。

在 S316 巢湖段的沿线景观规划设计实践研究中从宏观到微观将规划道路分成 4 段，从宗教、建筑、文化及“湖溪山田”的景观特征风貌四个方面对各路段进行定位及有目的性的深化设计，对各个地域特色类型进行了深入的剖析并提出规划设计思路，最终融入方案设计中。综观整个实践运用过程，有较高的推广借鉴及实际广泛运用价值。

6.1.3 地域文化表现手法

地域文化自身特点鲜明，在道路景观设计中如何合理地传达是关键。应当根据地域文化元素的不同，选择出适宜的文化表现方式和手法。地域文化元素主要可以分为自然环境元素、人文环境元素以及社会环境元素三种，每类设计元素的可感知程度是不同的，需要针对其特性采用不同的设计手法。地域文化表现手法是多样的，要做到灵活运用。

1）文化回归

尊重地域文化是基于地域文化的道路景观设计的基础，适宜的文化元素回归能够使地域文化符号得以凝聚，同时观赏者也可以在道路景观中找到历史文化的归属感。这是对于地域物质与精神层面文化的一种传承。

2）手法创新

适宜的手法创新能够使地域文化在传承的前提下进一步延续。地域文化具有较强的兼容性，在如今的城市生活中，想要展现地域文化特色，应当在尊重原文化元素的基础上，适当创新，融入现代技术与材料，打造出符合现代生活环境的并且富有地域文化意趣的道路景观；或者将地域文化元素进行转化变形，展现出新的地域文化表现形式。

3）抽象化表现

道路景观文化的抽象化表现是将原有的地域文化标志符号提炼再现的过程，这也是对道路景观元素的丰富。适宜的抽象化文化表现能够使具体物质的地域文化元素变得更加富有韵味，使得抽象的精神层面的地域文化元素变得更加丰满。

6.2 展望

合理的城市道路景观规划设计对于城市的形象展示及带动城乡一体化发展有着积极的作用，本文是融合了道路景观生态学、城乡规划学、景观美学等多学科的实践运用，以期能够打造出极具地域特色，能够带动城乡一体化发展，有益于城市长期健康发展的道路景观带。整个实践过程有较高的推广意义和借鉴价值。随着研究的深入，该领域所探讨的问题将会进一步细分并深入，从而推动道路景观规划建设向着更高层次前进。

参考文献

[1] 刘志峰. 城市道路景观中的物质文化研究[D]. 南京:南京林业大学,2009.

[2] 陶琳,杨明菁. 基于地域文化的城市道路景观设计[J]. 沈阳师范大学学报(社会科学版),2006,40(04):157-160.

[3] DE BLIJ H J, MULLER P O. Human Geography [M]. New York: John Wiley and Sons, 1986.

[4] 蔡晴. 基于地域的文化景观保护[D]. 南京:东南大学,2006.

[5] 谢怀建. 中国道路景观文化研究[M]. 北京:中国社会科学出版社,2016.

[6] TODD J, BROWN E J G, WELLS E. Ecological design applied[J]. Ecological Engineering,2003,20(5).

[7] 任娜娜. 城市出入口道路景观设计研究[D]. 河北:河北农业大学,2012.

[8] ALISA W C. From road kill to road ecology: a review of the ecological effect of roads[J]. Journal of Transport Geography, 2007,9:396-406.

[9] TAAFFE E J, KRAKOVER S, GAUTHIER H L. Interactions between spread and backwash, population turnaround and corridor effects in the inter—metropolitan periphery: A case study. [J]. Urban Geography, 1992,13(6):503-533.

[10] 于秋雯. 西安特色文化景观道路规划研究[D]. 西安:陕西科技大学,2012.

[11] 聂小沅,刘朝晖. 城市道路景观设计[J]. 交通环保,2002(06):45-47.

[12] 张玉芳. 道路交通环境工程[M]. 北京:人民交通出版社,2001.

[13] 丁文清. 城市绿道景观规划设计研究[D]. 西安:西安建筑科技大学,2010.

[14] 凯文·林奇. 城市意象[M]. 北京:华夏出版社,2001.

[15] 王紫雯,叶青. 景观概念的拓展与跨学科景观研究的发展趋势[J]. 自然辩证法通讯,2007(03):90-95,112.

[16] [日]土木学汇编. 道路景观设计[M]. 章俊华,陆伟,蕾芸译. 北京:中国建筑工业出版社,2003.

[17] 邹莉. 城市文化对城市道路景观设计的影响研究[D]. 苏州:苏州大学,2015.

[18] 薛峰. 城市道路相关设施景观设计要则研究[D]. 西安:西安建筑科技大学,2003.

[19] 韩星雨. 地域文化元素在城市道路景观设计中的应用研究[J]. 公路交通技术,2017,33(01):120-124.

[20] 刘滨谊. 高密度城市中心街区景观规划设计[J]. 城市规划汇刊,2002(10):60-62.

[21] 刘景星,邢军. 城市道路景观设计理念与方法[J]. 哈尔滨建筑大学学报,1997(01):99-104.

[22] 蒋旸,章立峰,杨华娟,等. 基于地域文脉的城市道路景观个性营造[J]. 新建筑,2017(01):142-145.
[23] 梁凯,刘晓惠. 基于视觉分析的城市道路景观设计研究[J]. 现代城市研究,2014,29(11):46-51.
[24] 刘丽. 论道路景观的个性[J]. 美术大观,2011,(01):75.
[25] 谢怀建. 文化视域下的城市道路品质提升研究[J]. 城市发展研究,2012,19(08):107-114.
[26] 赵岩,谷康. 城市道路绿地景观的文化底蕴[J]. 南京林业大学(人文社会科学版),2001(02):58-61.
[27] 杨帆,黄金玲,孙志立. 景观序列的组织[J]. 中南林业调查规划,2000(04):39-43,54.
[28] 魏中华,王珊,任福田. 高等级公路景观序列构成研究[J]. 公路交通科技,2004(11):134-137.
[29] 罗君. 浅析入城道路色彩的运用——以成都四条入城路段为例[J]. 新西部(下半月), 2007(11):229-230.
[30] 陈慧. 浅析城市道路色彩语言与特色——以上海长宁区新华路道路色彩分析为例[J]. 艺术与设计(理论),2009,2(08):166-168.
[31] 肖笃宁,高峻等. 景观生态学在城市规划和管理中的应用[J]. 地球科学进展,2001.
[32] 李双成,许月卿,周巧富,等. 中国道路网与生态系统破碎化关系统计分析[J]. 生态学杂志,2004,23(5):78-86.
[33] 雨妮. 感受欧洲(三)——香榭丽舍大道[J]. 中外建筑,2013(12):43-45,42.
[34] 孙靓. 交通・景观・人——比较上海世纪大道与巴黎香榭丽舍大街[J]. 华中建筑,2006(12):122-124.
[35] 蒋淑君. 美国近现代景观园林的风格创造者——唐宁[J]. 中国园林,2003(04):4-9.
[36] 卞利. 明清徽州社会研究[M]. 合肥:安徽大学出版社,2004.
[37] 唐力行. 唐力行徽学研究论稿[M]. 北京:商务印书馆.
[38] 梅立乔. 晚清徽州文化生态研究[D]. 苏州:苏州大学,2013.
[39] 朱万曙. 论徽学[M]. 合肥:安徽大学出版社,2004.
[40] 李顺庆,秦杨. 徽州艺术中的中和之美[J]. 学术界,2012(03):130-137,286.
[41] 刘伯山. 徽州文化的基本概念及历史地位[J]. 安徽大学学报,2002(06):28-33.
[42] 夏发年,刘秉升. 黄山[M]. 广州:广东旅游出版社,2005.
[43] 刘亮. 徽州古村落绿化树种配植与造景的研究[D]. 合肥:安徽农业大学,2009.
[44] 张善庆. 皖南古建筑的文化意蕴[J]. 设计艺术(山东工业美术学院学报),2013(01):113-116.
[45] 冯卫,谢一鸣. 徽派传统聚落建筑基因研究[J]. 中国名城,2011(09):66-68.
[46] 李道先,侯曙芳. 简论徽派古民居建筑的审美特征[J]. 安徽建筑工业学院学报

(自然科学版),2005(01):5-8.

[47] 翟屯建. 徽派篆刻的兴起与发展[J]. 徽学,2002,2(00):171-207.

[48] 金涛,卢玉,余涛. 徽州民俗体育文化形成与发展的社会学阐释[J]. 沈阳体育学院学报,2014,33(03):140-144.

[49] 邹怡. 明清以来徽州茶业及相关问题探究[D]. 上海:复旦大学,2006.

[50] 周芜. 徽派版画史论集[M]. 合肥:安徽人民出版社,1984.

[51] 张成,张韶. 徽商精神与高职院校学生职业素质教育[J]. 宿州学院学报,2011,26(04):98-101.

[52] 李霞. 论新安理学的形成、演变及其阶段性特征[J]. 中国哲学史,2003(03):95-102.

[53] 黄成林. 徽州文化景观初步研究[J]. 地理研究,2000(03):257-263.

[54] 谢怀建,熊传福,周波. 古今中外视阈下的精神文化与道路景观关系分析[J]. 重庆建筑,2012,11(02):1-4.

[55] 吴雁昭. 黄山市旅游资源整合研究[D]. 北京:中央民族大学,2011.

[56] 杨鑫. 地域性景观设计理论研究[D]. 北京:北京林业大学,2009.

[57] 卿冰冰. 潇湘文化在道路景观设计中的应用[D]. 长沙:中南林业科技大学,2017.

[58] 胡珩. 基于符号学的景观传统文化表达设计的研究[D]. 长沙:中南林业科技大学,2008.

[59] 张立涛. 现代景观设计中隐喻象征手法应用研究[D]. 天津:天津大学,2014.

[60] 黄震方. 海滨生态旅游地的开发模式研究[D]. 南京师范大学,2002.

[61] 黄泽,徐永战,杨科. 南通城市建筑色彩景观的规划与实践[J]. 四川建筑科学研究,2013,39(06):261-265.